JN028123

LLMの
ファインチューニングと
RAG

新納浩幸 著

チャットボット開発による実践

Ohmsha

まえがき

　この本では「**大規模言語モデルのファインチューニング**」と「**RAG（Retrieval-Augmented Generation）**」に焦点を当て、これらの技術、およびその技術を利用して自前のチャットボットをローカルの環境に構築する方法について解説します。読者のレベルとしては、ディープラーニングの学習や推論のプログラムを PyTorch を使って作成したことがある方を想定しています。初級者と中級者のあいだくらいだと思います。

　近年の人工知能、とくに自然言語処理技術の進展は目覚ましいものがあります。その中心になっているのは「**大規模言語モデル**」です。2022 年 11 月に ChatGPT が公開され、社会に大きなインパクトを与えたことはご存じのとおりだと思います。その ChatGPT が最も有名な大規模言語モデルです。ChatGPT は一般の方から見れば、高度なチャットボット[†1]に見えるはずです。つまり、なにか質問文を入れれば、適切に回答してくれるシステムです。このようなチャットボットは以前から存在していましたが、ChatGPT は対応できる質問の領域を限定しておらず、しかも出力される文章も非常に自然であることから、従来のものとは完全に一線を画していました。ChatGPT は、この高度な QA 機能が注目を集めて、現在ではさまざまな分野で広く利用されています。

　しかしながら、ChatGPT のモデル自体は非公開です。そのため、Web ページを通して利用するか、API を通して利用するかしかありません。Web ページを通して利用する場合は基本的に無料ですが、API を通して利用する場合は課金が必要です。研究目的で内部を調べたい場合もあると思いますが、それもできません。

[†1]　従来は QA システムと呼ばれていましたが、大規模言語モデルが登場してからは、チャットボットという用語のほうが一般的だと思います。

ほかにも、仕事で使う場合には、自社のデータや顧客のデータを外部のサーバに投げることに対する不安があると思います。また、大規模言語モデルは基本的に構築時の世界の知識しか持っていないので、最新の情報を入れたり、古い知識を更新したりすることが困難です。さらにいえば、個人のデータや社内のデータなどといったローカルな情報に対する質問には、正しく回答することができないでしょう。

　このような理由から ChatGPT の利用に二の足を踏んでいる人もいると思いますが、ChatGPT が使えないからといって諦める必要はありません。さまざまな組織が、ChatGPT のような大規模言語モデルを独自に構築し、公開しているからです。公開された大規模言語モデルをローカルに持つことで、先に挙げたような問題に対処することが可能です。公開された大規模言語モデルとして、有名なところでは Meta 社の **Llama** や **Llama2** などがあります。日本語に特化した大規模言語モデルとしては、サイバーエージェント社が公開した **OpenCALM** や、Stability AI 社が公開した **Japanese StableLM Alpha** などがあります。

　公開されている大規模言語モデルを使えば、ローカルな環境でもある程度の受け答えができるチャットボットを構築できます。これは非常に画期的なことです。ただし、第 1 章でも示しますが、公開されている大規模言語モデルをそのままチャットボットとして利用しても、玩具として利用するレベルのものしかできません。ローカル環境で適切な応答ができるチャットボットを構築しようと思ったら、もう少し工夫が必要になります。

　ローカルな環境でチャットボットを動かしたいと考える動機は、往々にして、「受け答えできる範囲は限定的でよいので、自身が利用できるチャットボットを構築したい」というものではないでしょうか。自身とはまったく無関係な事柄について広く浅く答えてくれるよりも、自身が関わる分野について深く正確に回答するようなチャットボットのほうが、はるかに有用性が高いと思います。

　このように、自身が利用できるチャットボットをローカルな環境で構築したい場合に利用できる技術が、**ファインチューニング**と **RAG** です。ファインチューニングとは、自身の扱うデータを教師データとして、モデルを追加的に学習する技術です。この技術を使えば、モデルはその教師データに対して調整されたものになり、所望していたチャットボットが構築できるはずです。RAG は、大規模言語モデルに検索を絡めて使う技術です。検索元になるデータベースを自身の扱うデータにすることで、データベース内からも質問に対する回答を見つけられるため、本来の大規模言語モデルが持っていない情報に関する質問にも回答できます。

なお、注意として、本書で解説する「チャットボット」は、ユーザからの問い
に対して回答する従来の QA システムです。コンピュータと対話を行うチャット
ボット、いわゆる対話システムではありません。大規模言語モデルを利用してい
るという点では同じ技術なのですが、実装するには大きな違いがあります。本書
の解説に対話システムは含まれていません。

　この本を通じて、大規模言語モデルを活用したいと考えている人に、参考にな
る情報が提供できれば幸いです。

2024 年 4 月

新納　浩幸

実行環境とバージョン

本書のプログラムを開発・実行したマシンのスペックは、以下のとおりです。

CPU	AMD Ryzen 7 5700G
Memory	128 GB
GPU	NVIDIA GeForce RTX 3060 12GB
OS	Windows 11 Home 22H2
Python	3.8.8

各ライブラリのバージョンは、以下のとおりです。

accelerate	0.25.0
chainlit	1.0.0
datasets	2.10.1
faiss-cpu	1.7.4
html2text	2020.1.16
Janome	0.4.1
langchain	0.1.14
langchain-community	0.0.31
langchain-core	0.1.40
langchain-openai	0.0.3
langchain-text-splitters	0.0.1
peft	0.7.1
rank-bm25	0.2.2
sentence-transformers	2.2.2
sentencepiece	0.1.96
torch	2.1.2+cu118
transformers	4.34.0
unstructured	0.11.8
wikipedia	1.4.0

また、本書で解説したプログラムのうち、主要なものは各章末に掲載しています。
それらも含めて、すべてのプログラムは以下の URL からダウンロードできます。

- https://www.ohmsha.co.jp/book/9784274231957/

目次

第 1 章

大規模言語モデル

1.1 言語モデルとは

この本で扱うモデルは、**大規模言語モデル** (Large Language Model、以下 **LLM**) です。LLM とは、文字どおり大規模な言語モデルのことです。

モデルが大規模というと少しわかりづらいですが、近年はモデルをニューラルネットワークで表現するので、そのニューラルネットワークの大きさが大規模ということです。通常、ニューラルネットワークの大きさはパラメータ数で表現するので、結局のところ、LLM とは「非常にパラメータ数の多い[†1]ニューラルネットワークで表現された言語モデル」ということです。

次に、言語モデルですが、これは単語列 $W = w_1 w_2 \cdots w_n$ が出現する確率モデル $p(W)$ のことです。つまり、W に対する確率分布が言語モデルとなります。$p(W)$ は、式 (1) のように変形できます。

$$p(W) = \prod_{i=1}^{n} p(w_i | w_1 w_2 \cdots w_{i-1}) \tag{1}$$

言語モデルのポイントは、式 (1) の $p(w_i | w_1 w_2 \cdots w_{i-1})$ の部分です。これは、単語列 $w_1 w_2 \cdots w_{i-1}$ の次に単語 w_i が現れる確率を表しています。この確率を利用して、言語モデルでは文を生成することができます。

たとえば、"東京 − は − 日本 − の" という 4 単語列の直後に単語 w が現れる確率は、**図 1.1** のように言語モデルを利用することで求まります。

いま、$p(w|$ 東京 − は − 日本 − の$)$ が最大になるような w を求めて、仮にそれ

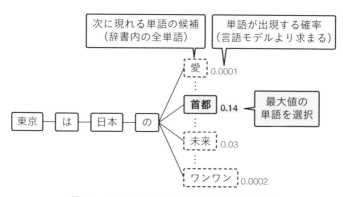

図 1.1　言語モデルによる次に現れる単語の生成

[†1] 感覚的にパラメータ数が 10 億以上だと大規模という感じがします。

が "首都" だったとします。この場合、"首都" を先の 4 単語列につなげて、"東京 – は – 日本 – の – 首都" という 5 単語列を作ります。そして、また $p(w|$ 東京 – は – 日本 – の – 首都) が最大になるような w を求めます。このように、最初の単語列に続く単語を芋づる式につなげていくことで、文を生成できます。

　言語モデルのこのはたらきを、日本語に特化した LLM の OpenCLAM-small で確認してみます。まず、必要なライブラリを pip でインストールしておきます。

```
$ pip install torch transformers accelerate
```

　次に、利用する言語モデルを変数 model に、また文をトークン列に変換するトークナイザーを変数 tokenizer に設定します。

llm-based-use.py（model と tokenizer の設定）

```
import torch
from transformers import AutoModelForCausalLM, \
                         AutoTokenizer

model = AutoModelForCausalLM.from_pretrained(
            "cyberagent/open-calm-small"
)

tokenizer = AutoTokenizer.from_pretrained(
            "cyberagent/open-calm-small"
)
```

　"東京は日本の" に続く 1 単語を予想してみます。

llm-based-use.py（出力：「東京は日本の」に続く 1 単語を推測する）

```
>>> input = tokenizer(
            "東京は日本の", return_tensors="pt")
>>> tokens = model.generate(**input,
            max_new_tokens=1,do_sample=False)
>>> tokenizer.decode(tokens[0][-1])
```

model の generate メソッドで単語を生成していき、max_new_tokens=1 で
次の 1 単語を予想します。generate の戻り値 tokens はバッチ[12]で、ここでは
1 文だけの入力なので、tokens[0] が生成された文に対応します。この文の最後
の単語は-1 の index で参照できるので、tokens[0][-1] が生成された最後の単
語、つまり "東京は日本の" の次に現れると予想された単語です。これは単語の id
の数値なので、これを tokenizer.decode で文字列に直すと "首都" が得られま
した。

さきほどは直接次の単語を出力させましたが、もう少し処理の中身を見るため
に、output_scores のキーワード引数を True にして、候補となる各生成単語に
対する確率を見てみます。

llm-based-use.py（出力：キーワード引数を True にした場合）

```
>>> out = model.generate(**input,
            max_new_tokens=1,
            return_dict_in_generate=True,
            output_scores=True)
>>> out.scores[0].shape
torch.Size([1, 52096])
```

上の out.scores[0] に入力文（1 文目の文）に対するスコアが入っています。
形状が torch.Size([1, 52096]) となっていることから、予想するのが次の
1 単語で、その候補が 52,096 個（つまり辞書のサイズ）であることがわかりま
す。ここから上位 5 つの index を取り出すのは、torch.topk を使えば簡単です。

llm-based-use.py（出力：torch.topk で 5 つの index を取り出す）

```
>>> top5 = torch.topk(out.scores[0][0],5)
```

---

[12] バッチとは、概略、集合の意味で捉えておいて問題ありません。一般に、言語モデルに対する
入力は複数の文（文の集合、バッチ）です。そして generate の出力は入力の各文に対する出力、つま
り複数の文（文の集合、バッチ）となります。

文字列に直すと以下となります。3列目の数値がスコアですが、この部分を正規化すれば確率値になります。

llm-based-use.py（出力：`tokenizer.decode`で文字列に直す）

```
>>> for i in range(5):
    print(i+1,
          tokenizer.decode(top5.indices[i]),
          top5.values[i].item())
... ...
1 首都 18.585952758789062
2 未来 16.70908546447754
3 最 16.689165115356445
4 文化 16.549083709716797
5 「 16.422060012817383
```

上の例では、$p(w|$ 東京 − は − 日本 − の$)$ が最大になるような w を求めましたが、この戦略では生成される文 s の生成確率 $p(s|$ 東京 − は − 日本 − の$)$ が最大になるとはかぎりません。生成確率 $p(s|$ 東京 − は − 日本 − の$)$ の値ができるだけ大きくなるように、つなげていく単語を見つけていくのがよいでしょう。このため、実際はつなげていく単語の候補を複数持ちながら、できるだけ文 s の生成確率を大きくする探索方法（**ビームサーチ**など）が利用されます。

言語モデルでは、それまでに出力した単語をもとに次の単語を順番に予測していくことで、文を生成します。たとえば単語の種類数が V だとすると、与えられた単語列 H の次につながる単語は V 種類あります。ここで最も確率の高い単語を1つ選ぶのが**貪欲法**とよばれる探索手法で、本書で説明した手法になります。

ビームサーチでは、ここで確率の高い単語を k 個選びます。この k はビーム幅と呼ばれています。選ばれた k 個の各単語を単語列 H につなげると k 種類の単語列ができます。次にこの k 種類の各単語列に対して、次につながる単語が V 種類あるので、単語列の候補は kV 種類です。この kV 種類の単語列から確率の高い単語列を k 個選びます。これを繰り返して確率の高い文を探索するのが、ビームサーチです。ビームサーチの詳細は複雑になるため、本書では割愛します。

1.2 言語モデルとチャットボット

前節の説明から、言語モデルによって文が生成できることはわかったかと思います。しかし、なぜ言語モデルによってチャットボットが実現できるのかについては、もう少し説明が必要です。

まず、生成される「文」とはなにか、という点を明確にしておきましょう。私たちは言語モデルが出力する文章を「生成文」と呼んだりしますが、この「生成文」でいうところの「文」とは、「句点（。）で終了するような文章」ではありません。

チャットボットのシステムにおいては、**EOS（end of sentence）**に対応する特殊記号が文の終了を意味します。EOS とは、文末に位置する仮想的な単語です。EOS という記号が文の中の文字列として現れることはありませんが、言語モデルにおいては、EOS が生成されるとそこで文が終了したことを意味します。また、逆に EOS が生成されるまでは文は終了していないことを意味します。ですから、「日本の首都はどこですか？」という質問文は、文の途中までの入力です。そのため、言語モデルによって生成確率 $p(s|$ 日本の首都はどこですか？$)$ の値ができるだけ大きくなるように単語をつなげていき、システムとして EOS が出力されたら、そこで文が終了します。

`llm-based-use.py`（出力：追加する単語数を最大 10 に設定した場合）

```
>>> input = tokenizer("日本の首都はどこですか？",
                      return_tensors="pt")
>>> tokens = model.generate(**input,
                            max_new_tokens=10,
                            do_sample=False)
>>> tokenizer.decode(tokens[0], skip_special_tokens=True)
'日本の首都はどこですか？\n 「東京」という都市が、なぜ「'
```

上のコードでは、追加する単語数を最大 10 に設定して、"日本の首都はどこですか？"に続く文を生成させています。きちんとした文にはなっていませんが、"日本の首都はどこですか？"に続く可能性が高い単語を、とりあえず出力しているという状態です。

　本書で扱うチャットボットは QA システムですが、対話システムであるチャットボットにおいても言語モデルが利用されているのは同じ理屈です。1 つの発話だけを 1 文として考えるのではなく、これまでの双方の発話全体を文の途中までの文字列として考えて、その後に続く文を生成することで対話ができます。

`llm-based-use.py`（出力：双方の発話全体を途中までの文字列として考える）

```
>>> input = tokenizer("今日は天気がよいですね\n" +
                      "そうですね\n" +
                      "どこかへ行きましょうか。",
                      return_tensors="pt")
>>> tokens = model.generate(**input,
                      max_new_tokens=20,
                      do_sample=False)
>>> tokenizer.decode(tokens[0], skip_special_tokens=True)
'今日は天気がよいですね\n そうですね\n どこかへ行きましょうか。\n さて、\n 今日は、
\n 「  いい天気 」\n です。\n 今日は、\n'
```

　以上が、言語モデルによってチャットボット[13]が実現できる原理的な理由です。しかし、上の例はどちらも、なんだかおかしな応答になっています。

　上の例で使っているモデルが OpenCLAM-small というそれほど大きくないモデルであることや、generate のパラメータがうまく調整できていないことなど、原因はいくつか考えられます。いずれにせよ、基本的には、言語モデル「そのまま」では、チャットボットとして機能しないと考えるのが無難です。

　言語モデルを利用してそれなりのチャットボットを作るためには、本書で説明する**ファインチューニング**が必要になります。ファインチューニングについては、2 章で解説します。

---

[13]　これは対話システムとしてのチャットボットですが、LLM を利用した対話システムの原理説明のために例示しています。「はじめに」で述べたように、本書では対話システムとしてのチャットボットは解説しません。

1.3 日本語特化の LLM

　LLM の構築には多大なリソースが必要なので、個人で構築することは不可能です。通常は、どこかの組織が構築・公開しているものを利用することになります。2024 年現在、公開されている LLM はたくさんあり、どれを使っても大きな問題はありません。ただし、日本語での入出力を希望するなら、その言語モデルが日本語に対応していないといけません。

　ここでは、公開されている LLM をいくつか紹介していきます。日本語がメインでない場合は、Meta の **Llama2** が有名で性能も高いです。

- https://ai.meta.com/llama/

Llama2 は日本語にも対応していますが、生成文が英語となることも多く、日本語をメインに使う場合にはちょっと心許ないでしょう。

　日本語をメインに使う場合には、日本語に特化して構築された LLM が適しています。公開されている日本語の LLM としては、以下のものがあります[4]。

- **サイバーエージェント：OpenCALM**

　https://huggingface.co/cyberagent

　cyberagent/open-calm-7b（パラメータ数約 68.7 億）や cyberagent/open-calm-3b（パラメータ数約 27.9 億）など、いくつかのモデルが公開されています。モデルのクラスは GPTNeoXForCausalLM であり、tokenizer は AutoTokenizer から読み込めます。OpenCALM は、cyberagent/open-calm-7b が商用利用可なことが大きな特徴です。

---

[4]　ここで紹介している LLM は、2023 年 12 月時点での一部です。その後、各社から改良版も発表されています。

● **LINE：japanese-large-lm**

https://huggingface.co/line-corporation/japanese-large-lm-3.6b

line-corporation/japanese-large-lm-3.6b（パラメータ数約 37.1 億）のモデルが公開されています。モデルのクラスは GPTNeoXForCausalLM であり、tokenizer は AutoTokenizer から読み込めます。tokenizer を読み込むときに、以下のように use_fast=False のキーワード引数をつけることが推奨されています。

```
tokenizer = AutoTokenizer.from_pretrained(
    "line-corporation/japanese-large-lm-3.6b",
    use_fast=False)
```

モデルの訓練に、高品質な LINE 独自の大規模日本語 Web コーパスを利用していることが特徴です。このため性能的には、ほぼ 2 倍のパラメータを持つ cyberagent/open-calm-7b と同等だといわれています。

● **rinna：rinna GPT**

https://huggingface.co/rinna/japanese-gpt-neox-3.6b

rinna/japanese-gpt-neox-3.6b（パラメータ数約 36.0 億）のモデルが公開されています。モデルのクラスは GPTNeoXForCausalLM であり、tokenizer は AutoTokenizer から読み込めます。
日本語の Wikipedia、C4、CC-100 の大規模なオープンソースデータを用いて学習されている点が特徴です。

● Stability AI : Japanese StableLM Alpha

https://huggingface.co/stabilityai/japanese-stablelm-base-alpha-7b

tabilityai/japanese-stablelm-base-alpha-7b (パラメータ数約 70.1 億) のモデルが公開されています。モデルのクラスは JapaneseStableLMAl-phaForCausalLM です。このモデルは Huggingface の transformers パッケージにはまだ含まれていないカスタムの MPT モデルアーキテクチャを使用しているため、AutoModelForCausalLM でモデルを読み込むときに、以下のような表示が出ます。

```
The repository for stabilityai/japanese-stablelm-base-
alpha-7b contains custom code which must be executed to
correctlyl oad the model. You can inspect the repository
content at
https://hf.co/stabilityai/japanese-stablelm-base-alpha-7b.
You can avoid this prompt in future by passing the
argument 'trust_remote_code=True'.

Do you wish to run the custom code? [y/N]
```

この表示を避けたいときには、メッセージに書かれているように、キーワード引数 trust_remote_code を True にしておきます。

```
model = AutoModelForCausalLM.from_pretrained(
    "stabilityai/japanese-stablelm-base-alpha-7b",
    trust_remote_code=True,
)
```

また、tokenizer は以下のかたちで設定します[15]。

```
tokenizer = LlamaTokenizer.from_pretrained(
    "novelai/nerdstash-tokenizer-v1",
    additional_special_tokens=['__'])
```

学習には、EleutherAI の GPT-NeoX を発展させたソフトウェアが利用されている点が特徴です。Web サイトでは、「日本語向けモデルで最高の性能」をうたっています[16]。

● **Preferred Networks：PLaMo-13B**

https://huggingface.co/pfnet/plamo-13b

pfnet/plamo-13b（パラメータ数約 131 億）のモデルが公開されています。モデルのクラスは PlamoForCausalLM（LLaMA を踏襲したモデル）です。モデルを読み込むときには、tabilllyai/japanese-stablelm-base-alpha-7bと同様、trust_remote_code=True のキーワード引数をつけます。また to-kenizer は AutoTokenizer から読み込めますが、こちらも trust_remote_code=True のキーワード引数をつけます。

```
tokenizer = AutoTokenizer.from_pretrained(
    "pfnet/plamo-13b",
    trust_remote_code=True)
```

pfnet/plamo-13b は日本語のほか、英語でも学習されています。日英 2 言語を合わせた能力で、世界トップレベルの高い性能を持っていることが特徴です。

---

[15] additional_special_tokens に設定する文字列は紙には表示できません。https://huggingface.co/stabilityai/japanese-stablelm-base-alpha-7b にあるサンプルコード内からコピペしてください。

[16] https://ja.stability.ai/blog/japanese-stablelm-alpha

- **東京大学松尾研究室：Weblab-10B**

  https://huggingface.co/matsuo-lab/weblab-10b

  `matsuo-lab/weblab-10b`（パラメータ数約 107 億）のモデルが公開されています。モデルのクラスは GPTNeoXForCausalLM であり、tokenizer は `AutoTokenizer` から読み込めます。
  日本語を学習した LLM としては、最大規模であることが大きな特徴です。

- **ELYZA-japanese-Llama-2-7b**

  https://huggingface.co/elyza/ELYZA-japanese-Llama-2-7b

  Llama2 を日本語で追加学習しており、日本語を扱えます。

- **Swallow**

  https://huggingface.co/tokyotech-llm/Swallow-70b-hf

  東京工業大学情報理工学院の岡崎研究室と横田研究室、国立研究開発法人産業技術総合研究所の研究チームで開発された Swallow も、Llama2 を日本語で追加学習したモデルです。上に示した Swallow-70b のほかに、Swallow-13b と Swallow-7b も公開されています。

  なお、LLM を公開している組織は、その LLM に instruction という単語を付与した名前のモデルも公開していることが多いです。これは、公開している LLM をチャットボット用にファインチューニングしたものです。
  　チャットボット用にファインチューニングされたモデルには、以下のものがあります。

- LINE：japanese-large-lm

  ```
  https://huggingface.co/line-corporation/japanese-large-lm-
  3.6b-instruction-sft
  ```

- rinna：rinna GPT

  ```
  https://huggingface.co/rinna/japanese-gpt-neox-3.6b-
  instruction-ppo
  ```

- Stability AI：Japanese StableLM Alpha

  ```
  https://huggingface.co/stabilityai/japanese-stablelm-
  instruct-alpha-7b
  ```

- 東京大学松尾研究室：Weblab-10B

  ```
  https://huggingface.co/matsuo-lab/weblab-10b-instruction-
  sft
  ```

- ELYZA：ELYZA-japanese-Llama-2-7b

  ```
  https://huggingface.co/elyza/ELYZA-japanese-Llama-2-7b-
  instruct
  ```

- Swallow：Swallow-70b-instruct-hf

  ```
  https://huggingface.co/tokyotech-llm/Swallow-70b-instruct-
  hf
  ```

1.4 LLM の利用

LLM の利用には、特別で複雑な手順があるわけではありません。基本的には、model と tokenizer を設定して、model の generate メソッドを使って文を生成するだけです。

本質的には同じことですが、pipeline を使っても文を生成できます。

llm-based-use2.py（pipeline を使った文生成）

```python
import torch
from transformers import AutoModelForCausalLM, \
                         AutoTokenizer, pipeline

model_id = "cyberagent/open-calm-small"

model = AutoModelForCausalLM.from_pretrained(model_id)
tokenizer = AutoTokenizer.from_pretrained(model_id)
generator = pipeline("text-generation",
                     model=model,
                     tokenizer=tokenizer)

outs = generator("東京は日本の", max_new_tokens=30)
print(outs[0])
```

すると、以下のような出力が得られます。

```
$ python llm-based-use2.py
{'generated_text': '東京は日本の首都である。\n\n 歴史\n 古代には、古代のロー
マ・カトリック教会は、ローマ・カトリック教会のローマ教会と、ローマ・カトリック教会の
ローマ'}
```

generate メソッドを使う場合は、以下のように書きます。

llm-based-use3.py（generate メソッドを使った文生成）

```
input = tokenizer("東京は日本の", return_tensors="pt")
tokens = model.generate(**input,max_new_tokens=30)

output = tokenizer.decode(tokens[0],
                          skip_special_tokens=True)
print(output)
```

さきほどの出力の、generated_text の部分が出力されます。

正確にいえば、上のコードの場合、"cyberagent/open-calm-small"のモデルのクラスは GPTNeoXForCausalLM です。このクラスは GPTNeoXPreTrainedModel のクラスを継承していて、さらにこのクラスは PreTrainedModel のクラスを継承していて、さらにこのクラスは nn.Module、ModuleUtilsMixin、GenerationMixin、PushToHubMixin、PeftAdapterMixin の５つのクラスを継承しています。そして GenerationMixin クラスが generate メソッドを持っており、このメソッドが先の例の generate メソッドです。

この GenerationMixin クラスの generate メソッドのマニュアルは、以下を参照してください。

- https://huggingface.co/docs/transformers/main_classes/text_generation#transformers.GenerationMixin

ここから、GenerationConfig クラスの属性が、generate メソッドの生成文関係のキーワード引数になっていることがわかります。GenerationConfig クラスのマニュアルは、以下を参照してください。

- https://huggingface.co/docs/transformers/main_classes/text_generation#transformers.GenerationConfig

非常にたくさんのキーワード引数があることがわかります。基本的にすべてデフォルト値でよいと思いますが、よく使われるキーワード引数だけ説明しておきます。

- max_new_tokens
  与えられた文字列のあとに最大何 token まで生成するかを表します。

- do_sample
  生成確率の最大の token を出していくかどうかを表します。次に生成する候補の token をいくつか持って、生成確率を高くした生成文を作成したいときは True に設定します。デフォルト値は False です。

- top_k
  先の do_sample が True のときに出す候補の token 数です。

- temperature
  どれくらい多様な生成をするかの調整値です。デフォルト値は 1.0 です。1.1 程度に設定されていることが多いようです。ただ、QA タスクで LLM を利用する場合は回答が多様に変わるのはよくないので、小さい値を設定するのが普通です。

- repetition_penalty
  言語モデルによる出力では、同じ token 列が何度も出力されることが多いのですが、そのような出力を抑制するためのペナルティー値です。1.0 以上の値を設定します。デフォルト値は 1.0 で、なにもペナルティーを与えないことを意味します。10 程度の値も見かけますが、どれくらい影響があるのかはっきりとはわかりません。

- eos_token_id
  文末の token を id で指定できます。そのリストでも OK です。

- pad_token_id
  padding で使っている token id を指定します。通常 tokenizer の pad_token_id と同じなので、指定するときは pad_token_id=tokenizer.pad_token_id とします。指定しないと先の eos_token_id と同じ値が使われるので、eos_token_id になにか指定するときは、一緒に指定する必要があります。

- num_return_sequences
  文をいくつ生成するかを指定します。2 つ以上生成するなら、do_sample=True にしないと意味がありません。

言語モデルで eos_token_id を指定しないで文を生成させると、通常の文で終了しないことも起こりえます。そのため、句点（「。」）を eos_token_id に指定して文を生成してみます。まず、句点の id は、tokenizer.encode("。") により得られます[17]。

```
print(tokenizer.encode("。"))
```

　eos_token_id=247 を与えて、5 つ文を生成してみます。

llm-based-use4.py（句点を eos_token_id に指定して 5 つの文を生成する）

```
input = tokenizer("東京は日本の", return_tensors="pt")

tokens = model.generate(
        **input,
        max_new_tokens=30,
        eos_token_id=tokenizer.encode("。"),
        pad_token_id=tokenizer.pad_token_id,
        do_sample=True,
        num_return_sequences=5
)

for i in range(5):
    output = tokenizer.decode(tokens[i],
                                skip_special_tokens=True)
    print(output)
```

　実行すると、以下のように出力されました[18]。

---

[17]　このモデルの場合、247 でした。
[18]　文生成の処理のなかには確率が入る部分があるので、出力が必ずしも例示したとおりになるとはかぎりません。

```
$ python llm-based-use4.py
東京は日本の首都であり、世界有数の政治・経済の中心地です。
東京は日本の首都。
東京は日本の首都であり、世界の人たちが、世界の人と同じように暮らせるよう社会を創るこ
とを通じて、国際社会の発展に寄与する社会を」目指しています。
東京は日本の「水」です。
東京は日本の首都。
```

　このように、LLM は使うだけなら難しいことはなにもありません。ただし、上
の実行結果を見てわかるとおり、ただ使うだけではきちんとした回答を生成でき
るわけではありません。上の実行結果の場合、「東京は日本の」に続く文章として
適切なものは、1 つめの回答と 2 つめの回答のみでしょう。3 つめの回答はなん
となく意味はわかりますが変なところにかぎ括弧が入っていますし、4 つめの回
答は意味もよくわかりません。5 つめの回答は 2 つ目の回答とまったく同じです。
　そのまま使うだけだとチャットボットとしては機能しない LLM を調整するた
めに、次章ではファインチューニングの説明を行います。

1.5　この章で使用したおもなプログラム

llm-based-use4.py（Chap.1）

```
# -*- coding: sjis -*-

import torch
from transformers import AutoModelForCausalLM, AutoTokenizer

model_id = "cyberagent/open-calm-small"

model = AutoModelForCausalLM.from_pretrained(model_id)
tokenizer = AutoTokenizer.from_pretrained(model_id)

input = tokenizer("東京は日本の", return_tensors="pt")

tokens = model.generate(
        **input,
        max_new_tokens=30,
        eos_token_id=tokenizer.encode("。"),
        pad_token_id=tokenizer.pad_token_id,
        do_sample=True,
        num_return_sequences=5
)

for i in range(5):
    output = tokenizer.decode(tokens[i],
                              skip_special_tokens=True)
    print(output)
```

第2章

ファインチューニング：
言語モデルの追加学習

本章では、LLM の**ファインチューニング**を扱います。LLM のファインチューニングは、ファインチューニングで利用するデータに合うようにモデルが調整されます。この学習は、モデルの構造を変えないのなら、**追加学習**のかたちになります。

LLM の追加学習の方法は、通常の言語モデルの追加学習の方法と同じです。そのため、本章では**言語モデルの追加学習の方法**を解説します。

一点、注意してほしいことがあります。それは、言語モデルの学習と言語モデルの追加学習の違いは、学習の初期値となるモデルの違いであるという点です。前者がまったく学習されていないモデルであるのに対して、後者はある程度まで学習されたモデルとなります。モデルの構造や学習の方法はまったく同じです。

2.1 基本的な学習の処理

ディープラーニングにおけるモデルの学習は、モデルの forward メソッドでモデルの出力を得て、その出力と教師データとの差を小さくするようにパラメータを更新していくことで行われます。

通常、教師データを作成するのは多大な労力が必要です。しかし言語モデルの場合、単語列 $w_1w_2\cdots w_{k-1}$ の次に現れる単語 w_k は与えられているので、教師データを作成する必要がありません。このような学習は、**自己教師あり学習**と呼ばれます（**図 2.1**）。

具体的に、言語モデル OpenCLAM-small を使って学習の処理を見てみます。まず、model と tokenizer と optimizer を設定します。なお、ここでの optimizer は説明のためなので、とりあえずの設定です。

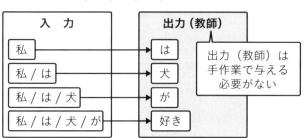

図 2.1　言語モデルの自己教師あり学習

llm-learn-base.py（model と tokenizer と optimizer の設定）

```python
import torch
from transformers import AutoModelForCausalLM, \
                          AutoTokenizer

model_name = "cyberagent/open-calm-small"
model = AutoModelForCausalLM.from_pretrained(model_name)
tokenizer = AutoTokenizer.from_pretrained(model_name)
optimizer = torch.optim.SGD(model.parameters(),lr=0.0001)
```

次に、データとして、「私は犬が好き。」に対する tokenizer の出力を見てみます。

llm-learn-base.py（「私は犬が好き。」に対する tokenizer の出力）

```python
>>> input = tokenizer.encode("私は犬が好き。",
                             return_tensors="pt")
>>> print(input)
tensor([[2727, 3807, 9439,  247]])
>>> a = [tokenizer.decode(input[0][i])
                  for i in range(len(input[0]))]
>>> print(a)
['私は', '犬', 'が好き', '。']
```

「私は犬が好き。」は「私は」「犬」「が好き」「。」の 4 token に分割され、それぞれの id は 2727、3807、9439、247 となっています。

次に、この入力に対する model の出力を見てみます。

llm-learn-base.py（「私は犬が好き。」に対する model の出力）

```python
>>> output = model(input)
>>> type(output)
<class 'transformers.modeling_outputs.CausalLMOutputWithPast'>
>>> print(output.logits)
tensor([[[  7.2745, ..., -17.2634, -17.3245],
         [  7.2613, ..., -17.0571, -16.9093],
         [ 12.8202, ..., -16.8466, -16.8622],
```

```
        [ 12.0015, ..., -17.1278, -17.2398]]],
       grad_fn=<UnsafeViewBackward0>)
>>> print(output.logits.shape)
torch.Size([1, 4, 52096])
```

model の出力 output は、CausalLMOutputWithPast[†1]のクラスのインスタン
スです。output.logits が input に対するこの model の出力で、この場合、
torch.Size([1, 4, 52096]) の形状になっています。これは input の 1 番目
の文[†2]が 4 token から成り、各 token が 52096 次元の情報を持っていることを
意味します。52096 とは、辞書に登録されている token 数です。つまり、model
から出力される k 番目の token が持っている情報は、$k + 1$ 番目の token が辞書
中の各 token になる度合い（**logits 値**）を意味しています。

　そこで、たとえば出力の 1 番目の token であれば、その次の 2 番目の token、
つまり「犬」の 3807 がこの場合の教師データなので、ここからクロスエントロ
ピーを求めることで損失が求まります。

llm-learn-base.py（各 token と入力文に対する損失値の出力）

```
>>> loss_fn = torch.nn.CrossEntropyLoss(reduction='none')
>>> loss0 = loss_fn(output.logits[0],
                    torch.tensor([3807, 9439, 247, -100]))
>>> print(loss0)
tensor([8.0847, 5.4859, 3.0050, 0.0000],
       grad_fn=<NllLossBackward0>)
>>> print(torch.sum(loss0)/3)
tensor(5.5252, grad_fn=<DivBackward0>)
```

　最後の token に対しては教師データがないので、損失値を計算しない -100 の
ラベルをつけています。また、上の損失関数 loss_fn は reduction='none'の
キーワード引数をつけて、各 token ごとの損失をクロスエントロピーで求めてい
ます。ただし、通常は以下のように引数なしのかたちで、各 token ごとの損失の

[†1]　https://huggingface.co/docs/transformers/main_classes/output#transformers.
modeling_outputs.CausalLMOutput
[†2]　モデルへの入力 input はバッチです。ここでは文のリストです。この場合、このリストには 1 文
しかありません。

平均を求めます。

llm-learn-base.py（入力文に対する損失値の出力）

```
>>> loss_fn = torch.nn.CrossEntropyLoss()
>>> loss1 = loss_fn(output.logits[0],
                    torch.tensor([3807, 9439, 247, -100]))
>>> print(loss1)
tensor(5.5252, grad_fn=<NllLossBackward0>)
```

言語モデルの学習の場合、入力の id 列を直接 labels のキーワード引数に渡して、モデルのほうから自動で損失を求めることも可能です。通常の学習では以下のようにします。

llm-learn-base.py（モデルから求めた損失値の出力）

```
>>> output = model(input,labels=input))
>>> loss = output.loss
>>> print(loss)
tensor(5.5252, grad_fn=<NllLossBackward0>)
```

全体の損失が求まれば、そこから以下のようにして、パラメータを更新できます。

llm-learn-base.py（全体の損失からパラメータを更新する）

```
optimizer.zero_grad()
loss.backward()
optimizer.step()
```

言語モデルの追加学習は、基本的には、コーパスの各文に対して上の処理を繰り返すことで行えます。ただし、上に示した処理は基本であり、通常はこの上にバッチの処理を入れ、学習の繰り返しの終了を判断する Early Stopping の処理を入れます。Early Stopping については後述します。

2.2 Trainer の利用

　基本的に、先の操作によって（追加）学習ができるのですが、近年では、学習コードを実装せずに Trainer を利用するのが一般的です。Trainer を使えば、必要な部品を用意するだけで、基本的な学習の処理はもちろん、学習率のスケジューラーや、2.6 節で説明する Early Stopping なども、簡単に実装できます。GPU 周りの処理も自動でやってくれます。学習率のスケジューラーについては本書では詳説しませんが、簡単に説明しておくと、学習の進み具合で学習率を自動的に変更していく処理のことです。たとえば、学習の初期では学習率を大きく、学習の終盤では学習率を小さくするなどの処理を行います。

　さらに、Trainer を使う場合でも、Dataset のオブジェクトは作成しますが、通常実装する Dataloader の部分を作らなくて済みます。Trainer のなかで対応する処理を行ってくれるからです。その対応する処理部分で padding の処理も自動的に行ってくれるので、実装がかなり簡単になります。

　Trainer は細かい部分をいろいろと指定できるのですが、必要最低限の部分だけを書くと、コードは以下のようになります。これで言語モデルの追加学習が可能です。

llm-learn-trainer.py（Trainer による追加学習）

```
from transformers import Trainer, TrainingArguments
from transformers import DataCollatorForLanguageModeling

collator = DataCollatorForLanguageModeling(tokenizer,
                                           mlm=False)

training_args = TrainingArguments(
    output_dir='./output',
    num_train_epochs=10,
    per_device_train_batch_size=5
)

trainer = Trainer(
    model=model,
    data_collator=collator,
    args=training_args,
```

```
    train_dataset=train_dataset
)

trainer.train()
```

　output_dir に、学習したモデルを保存するディレクトリを指定します。上で
は output としています。num_train_epochs は学習のエポック数です。この訓
練データをこの回数分学習したら、学習が終わります。

　per_device_train_batch_size の値は 1 つの GPU に割り当てられるバッチ
のサイズです。GPU が 1 台だけなら、DataLoader で指定するバッチサイズに合
わせればよいです。この値は問題と利用マシンに応じて適当に設定します。上記
では 10 に設定としています。

　その他、上記のコードで設定や実装が必要なのは、train_dataset の構築部分
だけです。これは、訓練データを Dataset クラスのオブジェクトにまとめたもの
です。

コラム：Padding の処理

　Trainer を利用する利点はたくさんありますが、Padding の処理を自動で行ってくれるの
が最も助かります。ディープラーニングの学習では、入力はデータのバッチ（集合）です。
そしてバッチ内のデータは形状を揃えておく必要があります。画像処理では入力のデータは
画像であり、画像はリサイズすることで簡単に形状を揃えられます。一方、自然言語処理で
は入力のデータは文であり、その長さはバラバラのため、簡単には形状を揃えられません。
Padding は文の長さを揃える処理です。Padding では、通常、バッチ内の最大長の文に長さ
を揃えます。そのためバッチ内の各文に Padding の特殊記号をつなげて最大長にします。学
習では Padding の特殊記号の部分は無視して損失を計算しないといけないので、その部分の
処理も煩わしいです。Trainer はこれらの処理を自動でやってくれるのでとても便利です。

　ただし、Trainer を使うと、通常とは異なる処理を入れる場合は逆に面倒になります。導入
したい処理によっては、可能かどうかもよくわかりません。通常の学習処理なら Trainer を
使えばよいのですが、少し工夫した処理などを入れたい場合は、ベタに損失計算をしてパラ
メータを更新する、という手順のほうが簡単だと思います。

2.3 訓練データを Dataset へ

　ここでは、1 文 1 行から成るテキストデータを訓練データ train.txt として、そこから Dataset のオブジェクトを構築して、先のコードから言語モデルの追加学習を行ってみます。

　train.txt はどんなデータでもよいのですが、ここでは「関西弁コーパス[†3]」のなかの KSJ.zip を利用してみます。このファイル（KSJ.zip）を解凍して、各テキストファイルの 1 列をつなげて、句点（。）を 1 文の終わりにして、1 文 1 行から成る訓練データ train.txt を作りました。念のため、全体のファイルから検証用データ（val.txt）とテストデータ（test.txt）を取り除きました。

　これらファイルを作成するプログラム（mk-training-files-from-ksj.py）は簡単ですが、サンプルコード集に入れました。KSJ.zip をダウンロードして、そのディレクトリに mk-training-files-from-ksj.py を置いて、以下を実行すれば、train.txt、test.txt および val.txt が作られます。

```
$ python mk-training-files-from-ksj.py
train.txt、test.txt、val.txt を作成しました
```

　train.txt の中身は、以下のような感じです。

```
> cat train.txt
これからインタビューを始めます。
・・・
四限しかなかった、えー、三限、三限か四限やったんかな。
・・・
コンゴやったらもうゴリゴリちゃうん？もうアフリカやな。
・・・
```

　実際に Dataset のオブジェクトを構築するには、Dataset を継承した独自の

---

†3 https://sites.google.com/view/kvjcorpus/ホーム/日本語/データファイル

クラス（ここでは MyDataset としました）を作る必要があります。そのクラスでは、__init__、__len__、__getitem__ の 3 つのメソッドを定義しておかないといけません。__len__ と __getitem__ の中身は明らかなので、問題は __init__ の構築です。

　以下では訓練データの各文を tokenizer により、token の id 列（input_ids）に直して、それを {'input_ids':input_ids} の辞書にしています。訓練データの各文に対してこの辞書が作られ、訓練データのすべての文に対して作られたこの辞書の集合をリストにして、features 属性に持たせます。

check-collator.py（MyDataset クラスによる入力データの構築）

```python
from torch.utils.data import Dataset

class MyDataset(Dataset):
    def __init__(self, filename, tokenizer):
        self.tokenizer = tokenizer
        self.features = []
        with open(filename,'r') as f:
            lines = f.read().split('\n')
            for line in lines:
                input_ids = self.tokenizer.encode(line,
                        padding='longest',
                        max_length=512,
                        return_tensors='pt')[0]
                self.features.append(
                        {'input_ids': input_ids}
                )
    def __len__(self):
        return len(self.features)
    def __getitem__(self, idx):
        return self.features[idx]

train_dataset = MyDataset('train.txt', tokenizer)
```

2.4 collator

　先の MyDataset によりモデルへの入力データが構築できるのは、少し不思議です。バッチの処理が書かれていないし、labels の情報も入れていないし、GPU の処理も入っていないからです。

　まず、GPU の処理がないのは Trainer の機能です。Trainer のほうで GPU の有無を判断して、GPU がある場合は GPU を使って計算し、なければ CPU を使って計算します。このため、input_ids を作った際に、それを GPU に移動させる記述は必要ありません。GPU を意識せずにコードを記述すればよいわけです。

　また、バッチの処理がない点と labels の情報がない点に関しては、Trainer の data_collator に設定された以下の関数がそれらを自動で処理してくれるからです。

llm-learn-trainer.py（collator の設定）

```
collator = DataCollatorForLanguageModeling(tokenizer,
                                           mlm=False)
```

　この部分を、DataLoader を使って確認してみます。前章のコードを使って、train_dataset を構築するところまではできているとします。

　最初に、上の collator を構築します。

check-collator.py（collator の処理の確認①）

```
from transformers import DataCollatorForLanguageModeling
collator = DataCollatorForLanguageModeling(tokenizer,
                                           mlm=False)
```

　次に、DataLoader を使って、以下のように dataloader を作ります。

check-collator.py（collator の処理の確認②）

```
from torch.utils.data import DataLoader
dataloader = DataLoader(train_dataset, batch_size=10,
                        shuffle=True, collate_fn=collator)
```

dataloader から 1 つ要素を取りだして、表示してみます。

check-collator.py（collator の処理の確認③）

```
dl = dataloader.__iter__()
a = dl.__next__()
print(a)
```

以下のような結果が表示されます。

```
{'input_ids': tensor([
        [ 6256,    258,   ···,    247,     1,      1],
        [ 8665,    763,   ···,  15952,   374,    247],
        [ 3082,   9328,   ···,      1,     1,      1],
        [  343,    487,   ···,      1,     1,      1],
        [  996,  27214,   ···,      1,     1,      1]]),
 'attention_mask': tensor([
        [1, 1, ···, 1, 0, 0],
        [1, 1, ···, 1, 1, 1],
        [1, 1, ···, 0, 0, 0],
        [1, 1, ···, 0, 0, 0],
        [1, 1, ···, 0, 0, 0]]),
 'labels': tensor([
        [ 6256,    258,   ···,       247,  -100,   -100],
        [ 8665,    763,   ···,     15952,   374,    247],
        [ 3082,   9328,   ···,      -100,  -100,   -100],
        [  343,    487,   ···,      -100,  -100,   -100],
```

```
   [   996, 27214,  ・・・,    -100,  -100,  -100]])}
```

この結果を見ると、padding を入れてバッチのかたちに直されていることがわかります。また、'labels'のキーも作られています。

これを使って、以下のように損失が求まります。

check-collator.py（出力：損失を求める）

```
>>> out = model(**a)
>>> print(out.loss)
tensor(5.5240, grad_fn=<NllLossBackward0>)
```

以上が設定できれば、先に示した llm-learn-trainer.py で簡単に学習が実行できます。

```
$ python llm-learn-trainer.py
```

上のプログラムだと、学習の 500 ステップごとに、output ディレクトリの下に checkpoint-1000 などといったディレクトリができて、その時点のモデルが保存されます。数字の 1000 の部分がステップ数です。1000 の数値の部分が最も大きいディレクトリが、最終的な学習結果のモデルが保存されているディレクトリです。上のプログラムでは、checkpoint-88000 でした。

2.5　保存されたモデルからの文生成

先のプログラムで、最終的な学習結果のモデルが保存されているディレクトリは checkpoint-88000 でした。

モデルの読み込みは、以下のように行います。

generate-from-saved-model.py（モデルの読み込み）

```
import torch
from transformers import AutoModelForCausalLM, \
                         AutoTokenizer

model = AutoModelForCausalLM.from_pretrained(
            "./output/checkpoint-88000/"
)
```

tokenizer については、もとのモデルのものを使う必要があります。

generate-from-saved-model.py（tokenizer ではもとのモデルを使う）

```
tokenizer = AutoTokenizer.from_pretrained(
                "cyberagent/open-calm-small"
)
```

あとは、いつものようにして生成文が作れます。

generate-from-saved-model.py（出力：保存されたモデルによる文の生成）

```
>>> input = tokenizer.encode("ほな言うのもなんやけど、",
                             return_tensors="pt")
>>> with torch.no_grad():
        tokens = model.generate(input,
                                max_new_tokens=40,
                                do_sample=True)
>>> output = tokenizer.decode(tokens[0],
                              skip_special_tokens=True)
```

```
>>> print(output)
```
ほな言うのもなんやけど、いいとこ取りでリフォームしたいがな。昔の風風ハウスクエアってい
や、新しい風を入れる、と言うか。そういう風を入れる仕事ができればな、うん、和風の感じが
和風には合うと思う

　ちなみに、追加学習する前のオリジナルの "cyberagent/open-calm-small" の
モデルを使って同じ条件で文を生成させると、以下のような文になりました。追
加学習したモデルのほうが、関西弁らしい文を生成しているように見えます。追
加学習の効果はあったようです。

ほな言うのもなんやけど、

これは俺の嫁。

でも、そのお方、また同じ事してたんかねぇ。

俺も、ちょっとぐらいだったら
お義母さんに気を使っているつもりやけど

コラム：言語モデルの追加学習

　ここでは言語モデルの追加学習を説明しましたが、これはもとのモデルの全パラメータを
学習しているかたちであり、現実的には LLM に対する追加学習は困難です。通常の PC で
は、学習以前にロードして動かせるかどうかもあやしいでしょう。実際には、第 4 章で解説
する LoRA などの工夫が必要になるはずです。

　また、LLM に対しては、追加学習が必要かどうかも少し考えたほうがよいです。本来 LLM
は多領域の大規模コーパスから学習されているため、プロンプトの工夫次第で、追加学習な
しでも要望に応えられる出力が得られることも多いです。

2.6 Early Stopping の導入

　機械学習は、学習を長く続けていくと**過学習**となってしまうので、どこかで学習を終了させないといけません。終了するかどうかを判定するためには、訓練データとは別の評価データを使います。たとえば 1 epoch ごとに、その時点までに学習できたモデルの性能を評価データで測り、性能が下がった段階で学習を止める、などといった処理を行います。この学習の終了方法が、**Early Stopping** です。

　実のところ、LLM の学習に対しては、Early Stopping はあまり行われていないようです。データが大規模なので 1 epoch 学習させることも大変で、過学習が起こるまで学習することが現実的なのかどうかわからないからでしょう。それに、固定した小さな評価データから LLM の性能を評価するのも、なんだかおかしな感じです。そのため、本書で扱うサンプルプログラムでも Early Stopping は導入していません。

　ただし、Trainer に Early Stopping を導入するのは簡単なので、やりかただけ示しておきます。まず、train_dataset を作ったのと同じ方法で eval_dataset を作ります。

llm-learn-trainer-with-EarlyStopping.py（評価用データセットの構築）

```
train_dataset = MyDataset('train.txt', tokenizer)
eval_dataset = MyDataset('val.txt', tokenizer)
```

　次に、TrainingArguments に以下の 4 つを追加します。

llm-learn-trainer-with-EarlyStopping.py（Trainer への追加の引数の設定）

```
training_args = TrainingArguments(
    output_dir='./output2',
    num_train_epochs=20,
    per_device_train_batch_size=10,
  ##--- 以下の 4 つを 追加 -----------
    per_device_eval_batch_size=10,
    evaluation_strategy="epoch",
    save_strategy="epoch",
    load_best_model_at_end=True,
)
```

次に、EarlyStoppingCallback を import し、Trainer に EarlyStopping の
callback を追加します。

llm-learn-trainer-with-EarlyStopping.py（Trainer への EarlyStopping の追加設定）

```
from transformers import EarlyStoppingCallback

trainer = Trainer(
    model=model,
    data_collator=collator,
    args=training_args,
    train_dataset=train_dataset,
    eval_dataset=eval_dataset,
  ##--- 以下を追加 ---
    callbacks=[EarlyStoppingCallback(
                    early_stopping_patience=3)],
)
```

　性能が連続して改善しなかった場合には学習を止めるようになっており、early_
stopping_patience はその回数を表しています。上では３と設定しています。つ
まり、３回連続して性能が改善されなければ学習が終わります。load_best_model_
at_end=True としているので、学習後に最良のモデルがロードされて、最後にそ
のモデルを保存します。以下の設定では、ディレクトリ best_model が作成され、
そこに学習された最良のモデルが保存されます。

llm-learn-trainer-with-EarlyStopping.py（最良のモデルが保存される）

```
trainer.save_model('best_model')
```

　以上の手続きだけで、Trainer に Early Stopping を導入できます。なお、性能
評価は評価データでモデルのロスを測っています。ロス以外で性能を評価したけ
れば、自身で compute_metrics の関数を記述するだけで済みます。

2.7 この章で使用したおもなプログラム

llm-learn-trainer.py (Chap.2)

```python
# -*- coding: sjis -*-


# ------------------------------
# モデルの設定
# ------------------------------

import torch
from transformers import AutoModelForCausalLM, AutoTokenizer

model_name = "cyberagent/open-calm-small"
model = AutoModelForCausalLM.from_pretrained(model_name)
tokenizer = AutoTokenizer.from_pretrained(model_name)


# ------------------------------
# Dataset の設定
# ------------------------------

from torch.utils.data import Dataset

class MyDataset(Dataset):
    def __init__(self, filename, tokenizer):
        self.tokenizer = tokenizer
        self.features = []
        with open(filename,'r') as f:
            lines =  f.read().split('\n')
            for line in lines:
                input_ids = self.tokenizer.encode(line,
                        padding='longest',
                        max_length=512,
                        return_tensors='pt')[0]
                self.features.append({'input_ids': input_ids})
    def __len__(self):
        return len(self.features)
    def __getitem__(self, idx):
        return self.features[idx]
```

```python
train_dataset = MyDataset('train.txt', tokenizer)


# ------------------------------
# dataloader の設定
# ------------------------------

from transformers import DataCollatorForLanguageModeling
collator = DataCollatorForLanguageModeling(tokenizer,
                                           mlm=False)

from torch.utils.data import DataLoader

dataloader = DataLoader(train_dataset, batch_size=10,
                        shuffle=True, collate_fn=collator)

# ------------------------------
# Trainer の設定
# ------------------------------

from transformers import Trainer, TrainingArguments

training_args = TrainingArguments(
    output_dir='./output',
    num_train_epochs=10,
    per_device_train_batch_size=10,
)

trainer = Trainer(
    model=model,
    data_collator=collator,
    args=training_args,
    train_dataset=train_dataset
)

# ------------------------------
# 学習の実行
# ------------------------------

trainer.train()
```

llm-learn-trainer-with-EarlyStopping.py（Chap.2）

```python
# -*- coding: sjis -*-

# ------------------------------
# モデルの設定
# ------------------------------

import torch
from transformers import AutoModelForCausalLM, AutoTokenizer

model_name = "cyberagent/open-calm-small"
model = AutoModelForCausalLM.from_pretrained(model_name)
tokenizer = AutoTokenizer.from_pretrained(model_name)


# ------------------------------
# Dataset の設定
# ------------------------------

from torch.utils.data import Dataset

class MyDataset(Dataset):
    def __init__(self, filename, tokenizer):
        self.tokenizer = tokenizer
        self.features = []
        with open(filename,'r') as f:
            lines = f.read().split('\n')
            for line in lines:
                input_ids = self.tokenizer.encode(line,
                        padding='longest',
                        max_length=512,
                        return_tensors='pt')[0]
                self.features.append({'input_ids': input_ids})
    def __len__(self):
        return len(self.features)
    def __getitem__(self, idx):
        return self.features[idx]

train_dataset = MyDataset('train.txt', tokenizer)
eval_dataset = MyDataset('val.txt', tokenizer)   ## 追加
```

```
# ------------------------------
# dataloader の設定
# ------------------------------

from transformers import DataCollatorForLanguageModeling
collator = DataCollatorForLanguageModeling(tokenizer,
                                           mlm=False)

from torch.utils.data import DataLoader

dataloader = DataLoader(train_dataset, batch_size=10,
                        shuffle=True, collate_fn=collator)

# ------------------------------
# Trainer の設定
# ------------------------------

from transformers import Trainer, TrainingArguments,
                                   EarlyStoppingCallback

training_args = TrainingArguments(
    output_dir='./output3',
    num_train_epochs=20,
    per_device_train_batch_size=10,
    per_device_eval_batch_size=10,
    evaluation_strategy="epoch",
    save_strategy="epoch",
    load_best_model_at_end=True,
)

trainer = Trainer(
    model=model,
    data_collator=collator,
    args=training_args,
    train_dataset=train_dataset,
    eval_dataset=eval_dataset,
    callbacks=[EarlyStoppingCallback(
                    early_stopping_patience=3)],
)
```

```
# ------------------------------
# 学習の実行と best model の保存
# ------------------------------

trainer.train()
trainer.save_model('best_model')
```

第3章

Instruction Tuning：
指示に基づくファインチューニング

言語モデルはチャットボットとして利用できますが、そのままでは期待するような応答はできません。たとえば、言語モデル OpenCLAM-small に「日本で最も高い山はなんですか?」を入力して、それに続く文を生成させると、以下のようになります。

私は山が大好きですが、それはなんですか?

あなたの質問に答えます異国の地で、あなたは山についてなにを信じますか?

ご覧のとおり、きちんとした応答にはなっていません。

言語モデルをチャットボットとして利用するには、チャットボット用にファインチューニングする必要があります。ただし、通常のファインチューニングではあまり役に立ちません。通常のファインチューニングでは、タスクに合わせてモデルを調整するのですが、特定のタスクに対する質問や指示に調整するだけでは、チャットボットに入力されるさまざまな質問や指示には対応できないからです。

そこで出てきた手法が、**Instruction Tuning** です。本章では、この手法と実際の学習方法を解説します。

3.1 Instruction Tuning とは

Instruction Tuning はファインチューニングの一種です。通常のファインチューニングは特定のタスクを解くようにモデルを学習させるのに対し、Instruction Tuning はさまざまなタスクにおけるユーザーの指示に対して、望ましい出力をするようにモデルを学習させます。これによって、データセットに含まれていない未知のタスクに対しても、指示に沿うような出力が可能になります。

Instruction Tuning は、以下の論文で提案されました。

- Wei, J., et al. Finetuned language models are zero-shot learners. arXiv preprint arXiv:2109.01652. 2021.

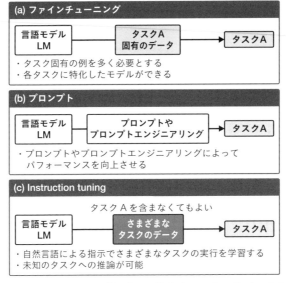

図 3.1　ファインチューニングとプロンプトと Instruction Tuning との違い

　論文中の図 2 を日本語に訳したものを、**図** 3.1 に示します。この図では、通常のファインチューニング（図中 (a)）と、プロンプト（図中 (b)）と、Instruction Tuning（図中 (c)）との違いが示されています。

　図では、言語モデル LM を利用して、タスク A を処理するためのアプローチが描かれています。(a) が通常のファインチューニングです。タスク A のデータを利用して LM をファインチューニングすることで、タスク A を処理しています。(b) はプロンプトです。プロンプト内でタスク A における入出力を少数与えることで、タスク A を処理しています。そして (c) が Instruction Tuning です。さまざまなタスク（タスク A が含まれていなくてもよい）のデータを利用して、LM をファインチューニングしています。これによって、LM はユーザーの指示に対して適切な処理を行うように学習されるので、結果的にタスク A の処理ができるようになります。

3.2 Instruction Tuning の学習データ

Instruction Tuning では、たとえば以下のようなテンプレートを言語モデルに学習させます。テンプレート内の{instruction}や{input}や{response}の部分は Instruction Tuning 用のデータセットから取り出して埋めることで、学習用のテキスト集が作成されます。これが Instruction Tuning の学習データとなります。

なお、モデルの推論では、テンプレート内の{instruction}や{input}を埋めたものをモデルに与えます。このテンプレート内の{instruction}や{input}を埋めたものが、**プロンプト**です。そして、{response}にあたる部分をモデルにより生成させることで、モデルからの回答を得ます。

```
Below is an instruction that describes a task.
Write a response that appropriately completes the request.

### Instruction:
{instruction}

### Input:
{input}

### Response:
{response}
```

上のプロンプト作成のためのテンプレートは、Alpaca という LLM で使われたものです[11]。日本語特化の LLM を Instruction Tuning する場合は、上記テンプレートを日本語に訳して、たとえば以下のようなテンプレートにして使います。

```
以下はタスクを記述した指示です。要求を適切に満たす応答を書きなさい。

### 指示:
```

---
[11] Alpaca は Llama を Instruction Tuning したモデルです。

```
{instruction}

### 入力:
{input}

### 応答:
{response}
```

公開されている Instruction Tuning 用のデータセットとしては、databricks-dolly-15k が有名です。これは、Databricks 社が手作業で作成したものであり、高品質であることが特徴です。HaggingFace のサイトからダウンロードできます。

check-dolly.py（databricks-dolly-15k のインポート）

```
import datasets
dolly = datasets.load_dataset(
        "databricks/databricks-dolly-15k"
        )
```

訓練データは以下で確認できます。

check-dolly.py（出力：訓練データの確認）

```
>>> print(dolly['train'])
Dataset({
    features: ['instruction', 'context',
               'response', 'category'],
    num_rows: 15011
})
```

dolly['train'] は Dataset になっており、dolly['train'][0] で 1 番目のデータが参照できます。

ただし、databricks-dolly-15k は英語で記述されているので、日本語特化の LLM

には使えません。日本語特化の LLM には、databricks-dolly-15k を日本語に訳した databricks-dolly-15k-ja が使えます。

databricks-dolly-15k-ja は kunishou 氏が作成したもので、こちらも Hagging-Face のサイトからロードすることができます。

check-dolly.py（出力：databricks-dolly-15k-ja のインポート）

```
>>> import datasets
>>> dolly_ja = datasets.load_dataset(
                "kunishou/databricks-dolly-15k-ja"
              )
>>> print(dolly_ja['train'])
Dataset({
    features: ['input', 'category', 'instruction',
              'index', 'output'],
    num_rows: 15015
})
```

ダウンロード時には、以下のエラーが出るかもしれません。

```
pyarrow.lib.ArrowInvalid: JSON parse error: Column()
changed from object to string in row 0
```

その場合は、datasets を以下のバージョンに直してください。

```
$ pip install datasets==2.10.1
```

データは 15,015 件あります。各データは辞書の形式になっており、index、instruction、input、output、および category のキーを持っています。instruction が質問や指示、output がその応答です。input は instruction で参照される文書です。また category はタスクの種類であり、closed_qa、classification、open_qa、information_extraction、brainstorming、general_qa、summarization、creative_writing の 8 種類があります。

3.3 Instruction Tuning の学習データの作成

Instruction Tuning を行うには、Instruction Tuning のためのデータ（この場合、databricks-dolly-15k-ja）を利用して、学習用の文書（プロンプト＋回答）を作成します。そして、このプロンプト＋回答の文書により言語モデルをファインチューニングします。

学習用の文書の構築方法は、Alpaca で利用されたようなテンプレートを利用します。ただし、そのテンプレートは一例であり、どのようなテンプレートを利用すればよいかは明らかではありません。また、databricks-dolly-15k-ja の場合、タスクの種類によって input の部分があるものとないものがあります。ないものに対しては、以下のテンプレートで自然なプロンプトになるかと思います。

```
以下はタスクを記述した指示です。要求を適切に満たす応答を書きなさい。


### 指示:
{instruction}


### 応答:
{output}
```

しかし、input の部分があるものに関しては、指示（instruction）のなかに input をどうするのか書かれていないと自然なプロンプトになりません。タスクごとにテンプレートを作成してもよいのですが、ここでは databricks-dolly-15k-ja の指示をそのまま使うかたちにするために、以下のテンプレートを使うことにします。

```
以下はタスクを記述した指示と入力です。入力はタスクで参照される文章です。指示を適切に
満たす応答を書きなさい。


### 指示:
{instruction}
```

```
### 入力:
{input}

### 応答:
{output}
```

　上のテンプレートを利用して、dolly_ja から、プロンプト＋回答の文書から成る
データ集合（datalist）を作成します。

instruction-tuning-base.py（テンプレートによる訓練データの作成）

```
template = {
    "w_input": (
        "以下はタスクを記述した指示と入力です。入力はタスクで参照される文章です。指
示を適切に満たす応答を書きなさい。\n\n"
        "### 指示:\n{instruction}\n\n"
        "### 入力:\n{input}\n\n"
        "### 応答:\n{output}"
    ),
    "wo_input": (
        "以下はタスクを記述した指示です。要求を適切に満たす応答を書きなさい。\n\n"
        "### 指示:\n{instruction}\n\n"
        "### 応答:\n{output}"
    )
}

datalist = []
for i in range(len(dolly_ja['train'])):
    d = dolly_ja['train'][i]
    if (d['input'] == ''):
        ptext = template['wo_input'].format_map(d)
    else:
        ptext = template['w_input'].format_map(d)
    datalist.append(ptext)
```

3.4 Instruction Tuning の実行

前章で作成できた datalist を使って Dataset のオブジェクトを作れるので、追加学習の方法で Instruction Tuning が実行できそうです。しかし、Instruction Tuning は入力文が長いため、学習にはかなりのメモリが必要になり、OpenCLAM-small であっても通常のマシンでは学習は難しいと思われます。

まず、もとのモデルですが、キーワード引数の torch_dtype に torch.bfloat16 を設定してメモリを節約します。具体的には、モデルのパラメータは実数なので通常 32 bit 必要ですが、そこを 16 bit で表すことで必要なメモリを半分にします。

instruction-tuning-base.py（パラメータを 16bit で表す）

```python
import torch
from transformers import AutoModelForCausalLM, \
                          AutoTokenizer

model_name = "cyberagent/open-calm-small"

model = AutoModelForCausalLM.from_pretrained(model_name,
                torch_dtype=torch.bfloat16
)

tokenizer = AutoTokenizer.from_pretrained(model_name)
```

次に、バッチのサイズを 1 にして、さらに入力文の文字数が 1500 以上のデータは datalist に入れないことで、Instruction Tuning を行うことにします。
datalist を以下のように変更します。

instruction-tuning-base.py（小型化した datalist の作成）

```python
datalist = []
for i in range(len(dolly_ja['train'])):
    d = dolly_ja['train'][i]
    if (d['input'] == ''):
        ptext = template['wo_input'].format_map(d)
    else:
```

```
        ptext = template['w_input'].format_map(d)
    if (len(ptext) < 1500):
        datalist.append(ptext)
```

train_dataset は、以下のように作成できます。

instruction-tuning-base.py（train_dataset の構築）

```
from torch.utils.data import Dataset

class MyDataset(Dataset):
    def __init__(self, datalist, tokenizer):
        self.tokenizer = tokenizer
        self.features = []
        for ptext in datalist:
            input_ids = self.tokenizer.encode(ptext)
            input_ids += [ self.tokenizer.eos_token_id ]
            input_ids = torch.LongTensor(input_ids)
            self.features.append({'input_ids': input_ids})
    def __len__(self):
        return len(self.features)
    def __getitem__(self, idx):
        return self.features[idx]

train_dataset = MyDataset(datalist, tokenizer)
```

学習はバッチサイズを 1、エポック数を 5 にして以下のように設定しました。

instruction-tuning-base.py（Instruction Tuning の実行）

```
from transformers import Trainer, TrainingArguments
from transformers import DataCollatorForLanguageModeling

collator = DataCollatorForLanguageModeling(tokenizer,
                                           mlm=False)

training_args = TrainingArguments(
```

```
    output_dir='./output',
    num_train_epochs=5,
    save_steps=2000,
    per_device_train_batch_size=1
)

trainer = Trainer(
    model=model,
    data_collator=collator,
    args=training_args,
    train_dataset=train_dataset
)

trainer.train()
```

実行します。5 エポックですが、学習の終了まで数時間はかかると思います。

```
$ python instruction-tuning-base.py
```

学習結果は、output のディレクトリの下に、checkpoint-***のディレクトリ
のかたちで保存されています。***の最も大きな数字のものが最終の学習結果の
モデルです。上の例の場合、checkpoint-72000 となりました。

3.5 Instruction Tuning モデルによる文生成

　学習により保存されたモデルから文生成を行うには、まずそのモデルと tokenizer を読み込みます。

generate-from-inst-model.py（保存されたモデルと tokenizer の読み込み）

```
import torch
from transformers import AutoModelForCausalLM, AutoTokenizer

model = AutoModelForCausalLM.from_pretrained(
            "./output/checkpoint-72000/"
        )
tokenizer = AutoTokenizer.from_pretrained(
                "cyberagent/open-calm-small"
            )
```

　モデルへの入力は、学習のときに使ったプロンプトのかたちにします。output の部分は、空文字''で設定します。たとえば「日本で最も高い山はなんですか?」に対する入力には、以下のようにプロンプトを作ります。

generate-from-inst-model.py（プロンプトの作成）

```
d = {}
d['instruction'] = "日本で最も高い山はなんですか?"
d['output'] = ''
ptext = template['wo_input'].format_map(d)
```

　このプロンプトは、以下のようになっています。

以下はタスクを記述した指示です。要求を適切に満たす応答を書きなさい。\n\n### 指示:\n 日本で最も高い山はなんですか？\n\n### 応答:\n

このプロンプトをモデルに入力し、上の文字列から続いて生成される文章を出力することで、回答文が得られます。

generate-from-inst-model.py（モデルからの回答文の出力）

```python
input = tokenizer.encode(ptext, return_tensors="pt")
start_pos = len(input[0])
with torch.no_grad():
    tokens = model.generate(input,max_new_tokens=60,
                            do_sample=False,
                            pad_token_id=tokenizer.eos_token_id)

output = tokenizer.decode(tokens[0][start_pos:],
                          skip_special_tokens=True)
print(output)
```

上のコードでは、tokens[0][start_pos:] でプロンプトの最後の token の位置 start_pos から生成文を表示しています。また、generate のキーワード引数 do_sample を False としています。これは、チャットボットを QA システムとして利用する場合は回答に揺れがあるのはおかしいので、回答の揺れを起こさないようにするためです。なお、pad_token_id=tokenizer.eos_token_id は必要ではありませんが、Warning が出ることがあるので、その対策です。

出力は以下のようになりました。

日本の山は、標高が 1,000 メートル以上の高山です。

回答は正しくはありませんが、聞かれていることに答えようとする形式にはなっています。

3.6 この章で使用したおもなプログラム

instruction-tuning-base.py（Chap.3）

```
# -*- coding: sjis -*-

#---------------------------------------------
#  モデルと tokenizer の設定
#---------------------------------------------

import torch
from transformers import AutoModelForCausalLM, AutoTokenizer

model_name = "cyberagent/open-calm-small"
model = AutoModelForCausalLM.from_pretrained(model_name,
                 torch_dtype=torch.bfloat16)
tokenizer = AutoTokenizer.from_pretrained(model_name)


#-----------------------------------
#  データのダウンロード
#-----------------------------------

import datasets
dolly_ja = datasets.load_dataset(
             "kunishou/databricks-dolly-15k-ja")


#-----------------------------------
#  テンプレート
#-----------------------------------

template = {
    "w_input": (
        "以下はタスクを記述した指示と入力です。入力はタスクで参照される文章です。指
示を適切に満たす応答を書きなさい。\n\n"
        "### 指示:\n{instruction}\n\n"
        "### 入力:\n{input}\n\n"
        "### 応答:\n{output}"
    ),
    "wo_input": (
        "以下はタスクを記述した指示です。要求を適切に満たす応答を書きなさい。\n\n"
```

```
            "### 指示:\n{instruction}\n\n"
            "### 応答:\n{output}"
    )
}


#-------------------------------------------
#  データ（プロンプト）のリストの作成
#-------------------------------------------

datalist = []
for i in range(len(dolly_ja['train'])):
    d = dolly_ja['train'][i]
    if (d['input'] == ''):
        ptext = template['wo_input'].format_map(d)
    else:
        ptext = template['w_input'].format_map(d)
    if (len(ptext) < 1500):
        datalist.append(ptext)


#-------------------------------------------
#  train_dataset の構築
#-------------------------------------------

from torch.utils.data import Dataset

class MyDataset(Dataset):
    def __init__(self, datalist, tokenizer):
        self.tokenizer = tokenizer
        self.features = []
        for ptext in datalist:
            input_ids = self.tokenizer.encode(ptext)
            input_ids = input_ids
                        + [ self.tokenizer.eos_token_id ]
            input_ids = torch.LongTensor(input_ids)
            self.features.append({'input_ids': input_ids})
    def __len__(self):
        return len(self.features)
    def __getitem__(self, idx):
        return self.features[idx]
```

```python
train_dataset = MyDataset(datalist, tokenizer)

#-------------------------------------------
#   Trainer の設定と学習の実行
#-------------------------------------------

from transformers import Trainer, TrainingArguments
from transformers import DataCollatorForLanguageModeling

collator = DataCollatorForLanguageModeling(tokenizer,
                                           mlm=False)

training_args = TrainingArguments(
    output_dir='./output',
    num_train_epochs=5,
    save_steps=2000,
    per_device_train_batch_size=1
)

trainer = Trainer(
    model=model,
    data_collator=collator,
    args=training_args,
    train_dataset=train_dataset
)

trainer.train()
```

第4章

大規模言語モデルの
ファインチューニング

前章までに作成したファインチューニングを行ったモデルは、LLM のなかでも小さなモデルでした。訓練データの入力文も短かったので、通常の市販のマシンでもなんとかファインチューニングができましたが、サイズが 3B 以上の LLM の場合は実質不可能だと思われます[11]。

そこで利用されるのが、LoRA と呼ばれる技術や量子化の技術です。これらを使うことで、サイズの大きな LLM であってもファインチューニングが可能になります。

本章では、LoRA や量子化を使った LLM のファインチューニングについて解説します。

4.1　LoRA：低ランク行列による ファインチューニングのパラメータ数の削減

LoRA（Low-Rank Adaptation）は、以下の論文で提案されたアダプタ手法の一種です。

- Hu, E. J., et al. Lora: Low-rank adaptation of large language models. arXiv preprint arXiv:2106.09685. 2021.

アダプタ手法では、大きなサイズのモデルにアダプタと呼ばれるネットワーク層を追加します。モデルをファインチューニングする際には、もとのモデルのパラメータは凍結し、追加したアダプタ部分だけを学習します。これによって、大きなサイズのモデルであっても学習すべきパラメータ数は少なくなるのでファインチューニングが可能になります。

LoRA では、モデル内の一部の線形変換の部分に、その線形変換の低ランク行列を、アダプタとして並列につなげます。**図** 4.1 は、上に示した論文内で、LoRA を説明している図を和訳したものです。

図 4.1 の左の線形変換 W が、もとになる大きなモデル内の一部のネットワークです。この W に、図の右側の行列 A と行列 B を BA のかたちで並列につなげます。この行列 A と行列 B が LoRA のアダプタです。

---

[11]　もちろん、巨大な GPU を持つ高性能マシンなら大丈夫です。

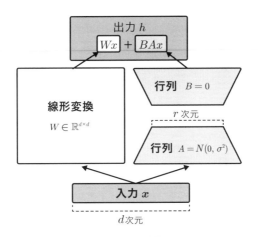

図 4.1　LoRA

　通常であれば、d 次元の入力ベクトル x に対して、d 次元のベクトル Wx が出力されるだけです。しかし LoRA では、入力ベクトル x は行列 A にも入力され、r 次元のベクトル Ax に変換されます。そして、その r 次元のベクトル Ax が行列 B に入力され、d 次元のベクトル BAx に変換されます。最終的に、$Wx + BAx$ を出力とします。

　学習では、教師データとなる出力との差分からモデルのパラメータ（この場合、W と A と B）が更新されますが、W のパラメータは凍結されているので、A と B のみパラメータを更新します。

　W の部分で学習すべきパラメータ数は、通常であれば W のパラメータ数の $d*d$ 個です。一方、LoRA では、行列 A のパラメータ数 $d*r$ 個と行列 B のパラメータ数 $r*d$ 個の和の数、$2rd$ 個がパラメータ数となります。$d = 512$、$r = 4$ として見ると、$d*d = 262{,}144$ に対して $2rd = 4{,}096$ であり、約 **1.6%** まで学習すべきパラメータ数を減らせています。

4.2 PEFT：効率的に ファインチューニングするためのライブラリ

LoRA を実装するために、HaggingFace では **PEFT**（**Parameter-Efficient Fine-Tuning**）というライブラリを提供しています。

- https://huggingface.co/docs/peft/index

まず、PEFT を pip でインストールしておきます。

```
$ pip install peft
```

また、LoRA を実行するには bitsandbytes というライブラリも必要になります。これもインストールしておかないといけないのですが、このライブラリは Windows には対応していないため、単純に pip でインストールはできません。以下のサイトで Windows 版の bitsandbytes が公開されているので、これを使うことにします。

- https://github.com/jllllll/bitsandbytes-windows-webui

以下の 2 つを実行すれば、Windows 上で bitsandbytes が使えるようになります。

```
$ pip install https://github.com/\
jllllll/bitsandbytes-windows-webui/raw/\
main/bitsandbytes-0.39.0-py3-none-any.whl

$ pip install torch torchvision torchaudio \
--index-url https://download.pytorch.org/whl/cu118
```

次に、LoRA を使う場合、もとのモデルのどの線形変換の部分にアダプタをつけるのかを決めないといけません。ここでは、line-corporation/japanese-large-

lm-3.6b をもとのモデルとして使うことにします。まず、このモデルでアダプタ
をつけられる線形変換の部分を、以下により調べてみます。

check-adapter-parts.py（アダプタをつける線形変換の部分を調べる）

```
import torch
from transformers import AutoModelForCausalLM, \
                          AutoTokenizer

model_name = "line-corporation/japanese-large-lm-3.6b"
model = AutoModelForCausalLM.from_pretrained(model_name,
                          torch_dtype=torch.bfloat16)

import re

model_modules = str(model.modules)
pattern = r'\((\w+)\): Linear'
linear_layer_names = re.findall(pattern, model_modules)
linear_layer_names = list(set(linear_layer_names))
print(linear_layer_names)
```

model.modules でモデル内のモジュール名を出力し、正規表現を使って
: Linear となっている部分を取り出します。実行結果は以下のようになります。

```
$ python check-adapter-parts.py
['query_key_value', 'embed_out', 'dense_h_to_4h',
  'dense_4h_to_h', 'dense']
```

　線形変換の部分は、query_key_value、embed_out、dense_h_to_4h、dense_
4h_to_h、dense の 5 種類であることがわかります。ここでは、Self-Attention
で使われる query_key_value を対象のアダプタに設定することにします[12]。
　アダプタをつける線形変換の部分を決めるほかに、線形変換の部分を行列 A と
行列 B により低ランク近似する際の低ランクの数 r も決めないといけません。こ
れは大きいほどよいようですが、あまり大きいとメモリ不足になるかもしれない

---

[12] Transformer 系のモデルでは、この query_key_value を対象にすることが一般的です。

ので、ここでは $r = 4$ としてみます。

　線形変換の部分と r の値が決まれば、以下のように LoRA の設定ファイル lora_config ファイルを作って、アダプタをつけたモデルを設定できます。

train-lora.py（LoRA の設定）

```python
from peft import get_peft_model, LoraConfig, TaskType

lora_config = LoraConfig(
    r=4,
    lora_alpha=8,
    target_modules=["query_key_value"],
    lora_dropout=0.05,
    bias="none",
    fan_in_fan_out=False,
    task_type=TaskType.CAUSAL_LM
)
```

　r や target_modules 以外にも設定が必要なキーワード引数がありますが、あまり結果に影響はありません。多少は気に留めておいたほうがよいですが、実際に調整するのは上に示した値程度で十分です。

　lora_config ができたら、あとは get_peft_model を利用して、もとになるモデルから LoRA のモデルを設定するだけです。

train-lora.py（もとになるモデルから LoRA モデルを設定する）

```python
import torch
from transformers import AutoModelForCausalLM, AutoTokenizer

model_name = "line-corporation/japanese-large-lm-3.6b"
base_model = AutoModelForCausalLM.from_pretrained(
                model_name,
                device_map="auto",
                torch_dtype=torch.bfloat16
            )
tokenizer = AutoTokenizer.from_pretrained(
                model_name,
```

```
                        use_fast=False,
                        legacy=True
                )

model = get_peft_model(base_model, lora_config)
```

　もとのモデルをそのままで読み込むと GPU のメモリが足りなくなるので、
torch_dtype=torch.bfloat16 をつけて 16 bit で読み込みます。

　学習は、通常の Instruction Tuning と同じかたちで行えます。第 3 章で解説し
た instruction-tuning-base.py と同じように、databricks-dolly-15k-ja を
使った Instruction Tuning を行ってみます。プログラムは train-lora.py です
が、上に示した設定以外は、基本的に instruction-tuning-base.py と同じで
あることが確認できます。

　ただし、instruction-tuning-base.py のときは訓練データで 1500 トーク
ン以上のデータは省きましたが、ここでは GPU のメモリが足りなくならないよ
うに、参照文書が存在するデータや 100 トークン以上のデータを省きました。そ
のため、利用するテンプレートも以下のように簡単にしました。

train-lora.py（小型化した datalist の構築）

```
template = (
        "ユーザー:{instruction}\n"
        "システム:{output}"
)

# 上記テンプレートを利用した datalist の作成

datalist = []
for i in range(len(dolly_ja['train'])):
    d = dolly_ja['train'][i]
    if (d['input'] == ''):
        ptext = template.format_map(d)
        if (len(ptext) < 100):
            datalist.append(ptext)
```

Trainer の設定では、データが少ないので、モデルは epoch ごとの保存にしました。また、fp16=True をつけると学習や推論が速くなるので、可能であればつけたほうがよいでしょう。

train-lora.py（LoRA 学習に対する Trainer の引数の設定）

```
training_args = TrainingArguments(
    output_dir='./output',
    num_train_epochs=1,
#    save_steps=200, # epoch 毎の保存に変更
#    fp16=True, # つけたらよいけど、つけなくても問題はない
    save_strategy='epoch',
    per_device_train_batch_size=1,
    logging_steps=20,
)
```

　学習の結果は、アダプタの部分だけが保存されます。そのため、LoRA はディスクを圧迫しないという利点も持っています。ちなみに、上のプログラム（line-corporation/japanese-large-lm-3.6b で query_key_value にアダプタをつけたモデル）では、保存されたアダプタ部分の容量は設定部分も合わせて約 9 MB 程度で済んでいます。

4.3 LoRA モデルによる文生成

　LoRA モデルを利用して文生成を行うには、まず、もとになる言語モデル（base_model）と LoRA の学習結果が保存されているディレクトリ（lora_model）を、PeftModel.from_pretrained に指定してを読み込みます。読み込めたら、あとは通常の言語モデルの生成と同じように処理します。

　ただし、プログラム内で generate の入力の device をモデルに合わせる必要があります。

generate-from-lora-model.py（学習できた LoRA モデルの読み込み）

```python
import torch
from transformers import AutoModelForCausalLM, \
                         AutoTokenizer
from peft import PeftConfig, PeftModel

device = torch.device("cuda:0
                      if torch.cuda.is_available() else "cpu")

model_name = "line-corporation/japanese-large-lm-3.6b"

base_model = AutoModelForCausalLM.from_pretrained(
                model_name,
                device_map="auto",
                torch_dtype=torch.bfloat16
             )

tokenizer = AutoTokenizer.from_pretrained(
                model_name,
                use_fast=False,
                legacy=True
            )

lora_name = "output/checkpoint-3278"

model = PeftModel.from_pretrained(base_model, lora_name)
```

　テンプレートの部分は、学習時のものと合わせます。ここでは、質問を「茨城

県の観光名所を３つあげてください」としてみます。

generate-from-lora-model.py（LoRA モデルの実行例）

```
template = (
        "ユーザー:{instruction}\n"
        "システム:{output}"
)

q = "茨城県の観光名所を３つあげてください"
d = {'instruction':q, 'output':''}
ptext = template.format_map(d)

input_ids = tokenizer.encode(ptext,
    add_special_tokens=False,
    return_tensors="pt").to(device)

start_pos = len(input_ids[0])

with torch.no_grad():
    tokens = model.generate(input_ids=input_ids,
                        max_new_tokens=200,
                        temperature=1.0,
                        do_sample=False,
                        pad_token_id=tokenizer.pad_token_id,
    )

output = tokenizer.decode(tokens[0][start_pos:],
                        skip_special_tokens=True)
print(output)
```

出力結果は以下のとおりです。あげられた３つの場所はいずれも茨城県の代表的な観光名所なので、うまく回答できています。

```
$ python generate-from-lora-model.py
茨城県の観光名所は、筑波山、袋田の滝、竜神大吊橋です。
```

4.4 QLoRA：LoRA に量子化を利用する

　LoRA により、大きなサイズの言語モデルのファインチューニングが可能になりました。ただし、3 B クラスまでが実質的な大きさの限度だと思います。それ以上は、やはり市販の PC 以上のスペックを持つマシンが必要になります。

　一方、量子化という情報圧縮の技術があります。大きなサイズの言語モデルであっても、量子化によって圧縮すれば、扱える言語モデルのサイズはさらに大きくなります。

　LoRA に量子化の技術を組み込んだ手法として、**QLoRA（Quantization LoRA）**があります。ここでは、QLoRA について解説します。

① 量子化とは

　量子化とは、アナログ信号などの実数値を、整数などの離散値で近似的に表現する情報圧縮の技術です。たとえば、ある個体が 10,000 個あったとします。そして、その個体のある属性値が実数値であったとします。個体の属性値を保存するには、値が実数値ですから、通常は 64 bit や 32 bit の容量が必要です。

　ところが、個体の属性値が 0.0 以上 0.2 以下の数値である個体の数が 50 個（全体の 0.5%）で、$(0.2, 0.3]$ の範囲内の数値である個体の数が 4,950 個（全体の49.5%）で、$(0.3, 0.4]$ の範囲内の数値である個体の数が 4,950 個（全体の 49.5%）で、0.4 以上 1.0 以下の数値である個体の数が 50 個（全体の 0.5%）であったとします。この場合、個体の属性値の 99% は $(0.2, 0.4]$ の範囲に入っていることになります。そうなると、個体の属性値を保存するために 64 bit や 32 bit を使うのは少し無駄です。

　ここで、大雑把に、数値の範囲が 0.2 以下の A グループ、$(0.2, 0.3]$ の B グループ、$(0.3, 0.4]$ の C グループ、0.4 以上の D グループに分けてみましょう。グループ分けしたうえで、個体の属性値を実数値ではなく A から D いずれかのグループで表現すれば、属性値の保存に必要なのは 2 bit になります。これが量子化です。この場合、64 bit や 32 bit の容量で表現していた情報を 2 bit で表現しているので、1/32 あるいは 1/16 の情報圧縮が行えています。

　実際に個体の属性値を利用する場合は、A グループなら 0.1、B グループなら 0.25、C グループなら 0.35、D グループなら 0.7 などのように、実数値に変換すればよいだけです。このとき、真の数値とは違っているはずなので、その差が**量子化誤差**となります。

数値の集合を何グループに分けるか、各グループをどの範囲に設定するかで、量子化誤差は変わってきます。もちろん、グループ数を大きくすれば量子化誤差は小さくなりますが、それだと圧縮の効果が小さくなります。そのバランスが大事になります。

　量子化を LLM の学習に利用する場合、16 bit で読み込まれたモデルの個々のパラメータを量子化します。通常は 4 bit で量子化するため、パラメータの数値を $2^4 = 16$ グループに分けることになります。

② bitsandbytes の利用

　LLM の量子化は、先にインストールしておいた bitsandbytes 使えば簡単に実行できます。使いかたは簡単です。以下のように量子化の設定を行った bnb_config を作成し、モデルを読み込む際にキーワード引数として、この設定を与えるだけです。

train-qlora.py（bitsandbytes による LLM の量子化）

```
bnb_config = BitsAndBytesConfig(
    load_in_4bit=True,
    bnb_4bit_use_double_quant=True,
    bnb_4bit_quant_type="nf4",
    bnb_4bit_compute_dtype=torch.bfloat16
)
```

　学習の全体のプログラム train-qlora.py は、train-lora.py とほとんど同じです。ただし、train-lora.py ではベースのモデルとして line-corporation/japanese-large-lm-3.6b を使いましたが、今回は約 2 倍のサイズを持つ cyberagent/open-calm-7b を使ってみます。

　ベースとなるモデルの読み込み時、キーワード引数 quantization_config に、先の bnb_config を設定しましょう。

train-qlora.py（ベースとなるモデルを読み込む）

```
from transformers import AutoModelForCausalLM, \
                         AutoTokenizer

model_name = "cyberagent/open-calm-7b"

base_model = AutoModelForCausalLM.from_pretrained(
    model_name,
    quantization_config=bnb_config,
    device_map="auto",
    torch_dtype=torch.bfloat16
)

tokenizer = AutoTokenizer.from_pretrained(model_name)
```

あとは、LoRA のコードとまったく同じです。

学習により保存したモデルから文生成を行うプログラム generate-from-qlora-model.py も、generate-from-lora-model.py とほとんど同じです。ベースのモデルを量子化して読み込むところが違うだけです。あとは LoRA のときと同様に、PeftModel.from_pretrained にベースのモデルと保存したモデルを指定してモデルを読み込めばよいだけです。

ちなみに、「核融合発電と原子力発電の違いを説明してください」という質問には以下の文が生成されました。7 B のモデルなので、少し難しい質問（指示）にもうまく答えられています。

```
$ python generate-from-qlora-model.py
核融合発電は、核分裂発電よりも効率的で、環境への負荷が少ない。
```

4.5 Prompt Tuning：
プロンプトの効率的なチューニング法

　LLM からの生成文を改善するには、ファインチューニングも有効ですが、プロンプトをうまく設定することも効果があります。通常、質問や指示の与えかたによって、LLM の生成文は異なるからです[13]。

　このアプローチは、プロンプトを工夫するだけなので、モデルの学習が必要なく低コストで行えるという利点があります。ただし、うまい生成文を引き出すためのプロンプトの調整は、試行錯誤的な部分も多く、負荷が高い作業となります。また、プロンプトの調整がどれほどうまくいくかは、作業者の技量に大きく依存してしまいます。

　そこで、この作業を自動化するためにプロンプト自体を学習させてしまおうという発想から、以下の論文で **Prompt Tuning** という手法が考案されました。

- Lester B., Al-Rfou, R., and Constant, N. The power of scale for parameter-efficient prompt tuning. arXiv preprint arXiv:2104.08691. 2021.

　おおむね LoRA と同じようなアダプタを利用した手法だといえます。具体的には、LLM への通常の入力プロンプトに **Soft Prompt** というベクトルを追加し、モ

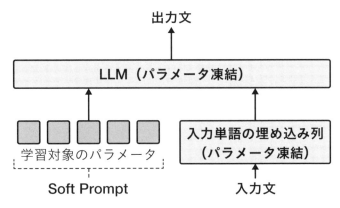

図 4.2　Prompt Tuning

---

[13]　特定のタスクや問題を解決するためにプロンプトを設計することを、**プロンプトエンジニアリング**（Prompt Engineering）といいます。

デルの学習では Soft Prompt 以外の部分は凍結して、Soft Prompt のみを学習します。Soft Prompt は token の並びであり、Prompt Tuning ではその各 token の埋め込みを学習します。そのため、token 数を p、各 token の埋め込みの次元数を e とすると、$p * e$ が学習すべきパラメータ数となります。

　実装は容易です。LoRA で使った peft のモジュールが、Prompt Tuning もサポートしているからです。LoRA では LoraConfig クラスから LoRA の設定ファイル lora_config を作成し、get_peft_model にベースのモデルと lora_config を与えてモデルを設定しました。Prompt Tuning も同じ流れです。

　PromptTuningConfig クラスから Prompt Tuning の設定ファイル pt_config を作成し、get_peft_model にベースのモデルと pt_config を与えてモデルを設定しましょう。

train-prompt-tuning.py（Prompt Tuning のモデルの設定）

```python
import torch
from transformers import AutoModelForCausalLM, \
                         AutoTokenizer
from peft import get_peft_config, get_peft_model, \
                 PromptTuningInit, PromptTuningConfig, \
                 TaskType, PeftType

model_name = "line-corporation/japanese-large-lm-3.6b"

base_model = AutoModelForCausalLM.from_pretrained(
                model_name,
                torch_dtype=torch.bfloat16
            )

tokenizer = AutoTokenizer.from_pretrained(
                model_name, use_fast=False, legacy=True
            )

pt_config = PromptTuningConfig(
    peft_type="PROMPT_TUNING",
    task_type=TaskType.CAUSAL_LM,
    prompt_tuning_init=PromptTuningInit.TEXT,
    num_virtual_tokens=20,
    token_dim=768,
```

```
    prompt_tuning_init_text=\
            "ユーザーの指示や質問に答えてください",
    tokenizer_name_or_path=model_name
)

model = get_peft_model(base_model, pt_config)
```

　学習は以下で行います。このプログラムではこれまでと同様、1 epoch しか学習しません。

```
$ python train-prompt-tuning.py
```

　学習により保存したモデルから文生成を行うプログラム generate-from-prompt-tuning-model.py も、generate-from-lora-model.py とほとんど同じです。LoRA のときと同様 PeftModel.from_pretrained にベースのモデルと保存したモデルを指定して、モデルを読み込みます。また、テンプレートの部分は学習時のものと合わせます。

　「夕日が赤い理由を教えてください」と質問してみると、以下のような出力が得られました。正しいのかどうかわかりませんが、それなりに答えていると思います。

```
$ python generate-from-prompt-tuning-model.py
夕日が赤い理由は、太陽が地球の大気圏に入ってくるときに、大気中の酸素と反応して、赤い光
を放つからです。
```

4.6　この章で使用したおもなプログラム

train-lora.py（Chap.4）

```
# -*- coding: sjis -*-


#----------------------------------
# LoRA の設定
#----------------------------------

from peft import get_peft_model, LoraConfig, TaskType

lora_config = LoraConfig(
    r=4,
    lora_alpha=8,
    target_modules=["query_key_value"],
    lora_dropout=0.05,
    bias="none",
    fan_in_fan_out=False,
    task_type=TaskType.CAUSAL_LM
)


#------------------------------------------
#　ベースのモデルと tokenizer の設定
#------------------------------------------

import torch
from transformers import AutoModelForCausalLM, AutoTokenizer

model_name = "line-corporation/japanese-large-lm-3.6b"
base_model = AutoModelForCausalLM.from_pretrained(
                model_name,
                device_map="auto",
                torch_dtype=torch.bfloat16
            )
tokenizer = AutoTokenizer.from_pretrained(
                model_name,
                use_fast=False,
                legacy=True
            )
```

```
#----------------------------------------------
#   ベースのモデルと config から LoRA のモデルの設定
#----------------------------------------------


model = get_peft_model(base_model, lora_config)


#----------------------------------------------
# 以下は Instruction Turinig と基本的に同じ


#-----------------------------------------
#   データのダウンロード
#-----------------------------------------


import datasets
dolly_ja = datasets.load_dataset(
                "kunishou/databricks-dolly-15k-ja")


#-----------------------------------------
#   テンプレート
#-----------------------------------------


template = (
        "ユーザー:{instruction}\n"
        "システム:{output}"
)


#----------------------------------------------
#   データ（プロンプト）のリストの作成
#----------------------------------------------


datalist = []
for i in range(len(dolly_ja['train'])):
    d = dolly_ja['train'][i]
    if (d['input'] == ''):
        ptext = template.format_map(d)
        if (len(ptext) < 100):
            datalist.append(ptext)


#----------------------------------------------
#   train_dataset の構築
```

```
#----------------------------------------

from torch.utils.data import Dataset

class MyDataset(Dataset):
    def __init__(self, datalist, tokenizer):
        self.tokenizer = tokenizer
        self.features = []
        for ptext in datalist:
            input_ids = self.tokenizer.encode(ptext)
            input_ids = input_ids
                        + [ self.tokenizer.eos_token_id ]
            input_ids = torch.LongTensor(input_ids)
            self.features.append({'input_ids': input_ids})
    def __len__(self):
        return len(self.features)
    def __getitem__(self, idx):
        return self.features[idx]

train_dataset = MyDataset(datalist, tokenizer)

#----------------------------------------
#  Trainer の設定と学習の実行
#----------------------------------------

from transformers import Trainer, TrainingArguments
from transformers import DataCollatorForLanguageModeling

collator = DataCollatorForLanguageModeling(tokenizer,
                                           mlm=False)

training_args = TrainingArguments(
    output_dir='./output',
    num_train_epochs=1,
    save_strategy='epoch',
    per_device_train_batch_size=1,
    logging_steps=20,
)

trainer = Trainer(
```

```
    model=model,
    data_collator=collator,
    args=training_args,
    train_dataset=train_dataset
)

trainer.train()
```

train-qlora.py (Chap.4)

```
# -*- coding: sjis -*-

#-----------------------------------
# 量子化の設定
#-----------------------------------

import torch
from transformers import BitsAndBytesConfig

bnb_config = BitsAndBytesConfig(
    load_in_4bit=True,
    bnb_4bit_use_double_quant=True,
    bnb_4bit_quant_type="nf4",
    bnb_4bit_compute_dtype=torch.bfloat16
)


#-------------------------------------------
#  量子化したモデルと tokenizer の設定
#-------------------------------------------

from transformers import AutoModelForCausalLM, AutoTokenizer

model_name = "cyberagent/open-calm-7b"
base_model = AutoModelForCausalLM.from_pretrained(
    model_name,
    quantization_config=bnb_config,
    device_map="auto",
    torch_dtype=torch.bfloat16
)
```

```
tokenizer = AutoTokenizer.from_pretrained(model_name)

#---------------------------------
# LoRA の設定
#---------------------------------

from peft import get_peft_model, LoraConfig, TaskType

lora_config = LoraConfig(
    r=4,
    lora_alpha=8,
    target_modules=["query_key_value"],
    lora_dropout=0.05,
    bias="none",
    fan_in_fan_out=False,
    task_type=TaskType.CAUSAL_LM
)

model = get_peft_model(base_model, lora_config)

#-----------------------------------------------
# 以下は Instruction Turinig と基本的に同じ

#---------------------------------
#  データのダウンロード
#---------------------------------

import datasets
dolly_ja = datasets.load_dataset(
            "kunishou/databricks-dolly-15k-ja")

#---------------------------------
#  テンプレート
#---------------------------------

template = (
        "ユーザー:{instruction}\n"
        "システム:{output}"
)
```

```
#-----------------------------------------
#  データ（プロンプト）のリストの作成
#-----------------------------------------

datalist = []
for i in range(len(dolly_ja['train'])):
    d = dolly_ja['train'][i]
    if (d['input'] == ''):
        ptext = template.format_map(d)
        if (len(ptext) < 100):
            datalist.append(ptext)


#-----------------------------------------
#  train_dataset の構築
#-----------------------------------------

from torch.utils.data import Dataset

class MyDataset(Dataset):
    def __init__(self, datalist, tokenizer):
        self.tokenizer = tokenizer
        self.features = []
        for ptext in datalist:
            input_ids = self.tokenizer.encode(ptext)
            input_ids = input_ids
                        + [ self.tokenizer.eos_token_id ]
            input_ids = torch.LongTensor(input_ids)
            self.features.append({'input_ids': input_ids})
    def __len__(self):
        return len(self.features)
    def __getitem__(self, idx):
        return self.features[idx]

train_dataset = MyDataset(datalist, tokenizer)


#-----------------------------------------
#  Trainer の設定と学習の実行
#-----------------------------------------

from transformers import Trainer, TrainingArguments
```

```
from transformers import DataCollatorForLanguageModeling

collator = DataCollatorForLanguageModeling(tokenizer,
                                            mlm=False)

training_args = TrainingArguments(
    output_dir='./output-qlora',
    num_train_epochs=1,
    save_strategy='epoch',   # epoch 毎の保存に変更
    per_device_train_batch_size=1,
    logging_steps=10,
)

trainer = Trainer(
    model=model,
    data_collator=collator,
    args=training_args,
    train_dataset=train_dataset
)

trainer.train()
```

prompt-tuning.py (Chap.4)

```
# -*- coding: sjis -*-

#-----------------------------------
# Prompt Tuning の設定
#-----------------------------------

import torch
from transformers import AutoModelForCausalLM, AutoTokenizer
from peft import get_peft_config, get_peft_model,
                 PromptTuningInit, PromptTuningConfig,
                 TaskType, PeftType

model_name = "line-corporation/japanese-large-lm-3.6b"

base_model = AutoModelForCausalLM.from_pretrained(
```

```
                model_name,
                torch_dtype=torch.bfloat16
            )
tokenizer = AutoTokenizer.from_pretrained(
            model_name, use_fast=False, legacy=True
        )

pt_config = PromptTuningConfig(
    peft_type="PROMPT_TUNING",
    task_type=TaskType.CAUSAL_LM,
    prompt_tuning_init=PromptTuningInit.TEXT,
    num_virtual_tokens=20,
    token_dim=768,
    prompt_tuning_init_text="ユーザーの指示や質問に答えて下さい",
    tokenizer_name_or_path=model_name
)


#-------------------------------------------
#  Prompt Tuning  モデルの設定
#-------------------------------------------


model = get_peft_model(base_model, pt_config)

#--------------------------------------------
# 以下は Instruction Turinig と全く同じ


#-----------------------------------
#  データのダウンロード
#-----------------------------------


import datasets
dolly_ja = datasets.load_dataset(
            "kunishou/databricks-dolly-15k-ja")

#---------------------------------
#  テンプレート
#---------------------------------


template = (
        "ユーザー:{instruction}\n"
```

```
        "システム:{output}"
)


#-------------------------------------------
#  データ (プロンプト) のリストの作成
#-------------------------------------------

datalist = []
for i in range(len(dolly_ja['train'])):
    d = dolly_ja['train'][i]
    if (d['input'] == ''):
        ptext = template.format_map(d)
        if (len(ptext) < 100):
            datalist.append(ptext)


#-------------------------------------------
#  train_dataset の構築
#-------------------------------------------

from torch.utils.data import Dataset

class MyDataset(Dataset):
    def __init__(self, datalist, tokenizer):
        self.tokenizer = tokenizer
        self.features = []
        for ptext in datalist:
            input_ids = self.tokenizer.encode(ptext)
            input_ids = input_ids
                        + [ self.tokenizer.eos_token_id ]
            input_ids = torch.LongTensor(input_ids)
            self.features.append({'input_ids': input_ids})
    def __len__(self):
        return len(self.features)
    def __getitem__(self, idx):
        return self.features[idx]

train_dataset = MyDataset(datalist, tokenizer)


#-------------------------------------------
#  Trainer の設定と学習の実行
```

```
#-------------------------------------------

from transformers import Trainer, TrainingArguments
from transformers import DataCollatorForLanguageModeling

collator = DataCollatorForLanguageModeling(tokenizer,
                                           mlm=False)

training_args = TrainingArguments(
    output_dir='./output-pt',
    num_train_epochs=1,
    save_strategy='epoch',
    per_device_train_batch_size=1,
    logging_steps=20,
)

trainer = Trainer(
    model=model,
    data_collator=collator,
    args=training_args,
    train_dataset=train_dataset
)

trainer.train()
```

第5章

RAG：検索を併用した文生成

ローカルな問題や特定の分野に特化した LLM を構築するには、前節で解説したファインチューニングを用いるのが 1 つの方法です。ただ、ファインチューニングを行ったとしても、LLM が本来持っている知識を上書きするのは難しく、性能的には不満が残ることが多いでしょう。また、少量とはいえ学習も行わないといけないので、ある程度のスペックのマシンが必要です。

それらの難点を解消する方法の 1 つが、本章で解説する RAG です。RAG は LLM に検索を併用する手法であり、非常に実践的です。検索元のデータベースを自身の問題に関するものにすることで、自身の問題に特化した LLM を構築できます。また、基本的に学習を行う必要がないので、比較的低スペックのマシンでも実装が可能です。

本章では、RAG の手法とその実装について解説します。

5.1 RAG とは

RAG（Retrieval Augmented Generation） とは、LLM に検索を併用する手法です。おおまかなしくみのイメージを**図** 5.1 に示します。

RAG では、まず、自身の専用のデータベースを用意しておきます。ユーザーからの質問文が入力されたら、専用のデータベースから関連する文書を検索してきます。そして、その関連文書と質問文を LLM に投げることで回答文を得る、というのが基本的な流れです。

おおまかな流れは上に示したとおりですが、実際に RAG を実装するには、さまざまなアプローチや選択肢があります。面倒ですが、自身のタスクに応じて、それらを調整していく必要があります。ここでは、標準的な RAG の実装方法について解説します。

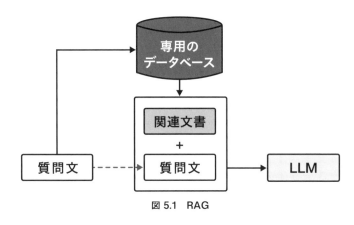

図 5.1 RAG

5.2 FAISSによるデータベースの構築

RAGを実装するには、まずRAGが外部知識として利用するデータベースを構築する必要があります。データベースはさまざまな種類や形式のものが利用可能ですが、標準的には個々のデータがテキストであり、それをベクトルで表現した**ベクトルデータベース**[†1]が使われます。

図5.2は、ベクトルデータベースを作成する手順を示したものです。

本節では、**FAISS（近似最近傍探索ライブラリ）**というライブラリを利用したベクトルデータベースの構築方法を解説します[†2]。

① パッセージの作成

図5.2の各Stepを見ていきましょう。

まず、Step 1では、もとになるデータを**パッセージ**と呼ばれる細かい文書に分割しています。この際、もとになるデータはコーパスであったり、PDF文書であったり、Webページであったりとさまざまです。また、データのなかには表や図などが含まれていることもあり、きれいなパッセージの集合を作るためには、多くの面倒な処理が必要となります。さらに、パッセージを文書にするのか、パラグラフにするのか、文にするのかといったパッセージの単位の問題もあります。

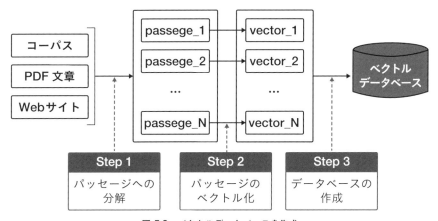

図5.2 ベクトルデータベースを作成

[†1] 「ベクトルストア」とも呼ばれます。
[†2] FAISSは、正確にいえばデータベースへのindexを作成しているとみなせます。しかし本書の利用の範囲内ではindexからデータベース内のデータを直接参照できるので、ここではデータベースを作成しているというかたちで説明します。

ここでは単純に、データはテキストコーパス、パッセージの単位は固定した文字列長としておきます。パッセージの単位を固定した文字列長とするのはかなり大雑把ですが、RAG では最終的に LLM の処理が行われるので、体感としてはそこそこうまくいきます。なお、パッセージの単位が固定した文字列長の場合、その文字列はパッセージではなく、**チャンク**と呼ばれます。

　テキストコーパスをチャンクに分割する例を示します。ここではテキストコーパスとして、青空文庫にある太宰治の「女生徒」という小説を利用することにします。以下のページに全文が掲載されています。

- https://www.aozora.gr.jp/cards/000035/files/275_13903.html

　指定した URL からそのページの本文を取り出すプログラム get-text-from-url.py を、章末に載せました。そのプログラムを実行することで[3]、小説「女生徒」を joseito.txt として保存します。

```
$ python get-text-from-url.py
https://www.aozora.gr.jp/cards/000035/files/275_13903.html
の内容を joseito.txt に出力しました
```

　テキストコーパスをチャンクに分割するプログラムは簡単なので、自作してもよいのですが、**LangChain** というライブラリ集内の、text_splitter というライブラリ内の、RecursiveCharacterTextSplitter というクラスを使うと簡単です。

　LangChain は、LLM を利用したプログラムを作成する際に便利に使えるライブラリ集です。LangChain の説明は複雑になるので、ここではとりあえず「RAG のプログラムを作るには LangChain を利用するのが標準的」と理解しておいてください。本書でも RAG を扱うプログラムには LangChain を使うので、チャンクの分割でも LangChain を使うことにします。

　LangChain のインストールは、pip だけでできるので簡単です。

---

[3]　requests と BeautifulSoup をインストールしておく必要があります。

```
$ pip install langchain
```

さて、テキストコーパスをチャンクに分割するプログラムは以下のとおりです。

mk-rag-db-from-text.py（テキストコーパスをチャンクに分割する）

```
with open('joseito.txt','r',encoding='utf-8') as f:
    text = f.read()

from langchain.text_splitter import \
                RecursiveCharacterTextSplitter

text_splitter = RecursiveCharacterTextSplitter(
    chunk_size = 100,    # チャンクの文字数
    chunk_overlap = 0,   # チャンクオーバーラップの文字数
)

texts = text_splitter.split_text(text)
```

キーワード引数 chunk_size でチャンクの文字数を設定し、chunk_overlap でチャンクオーバーラップの文字数を指定します。上記では chunk_overlap=0 としていますが、オーバーラップがあると最終的なチャンクの数は増えます（**図 5.3** 参照）。

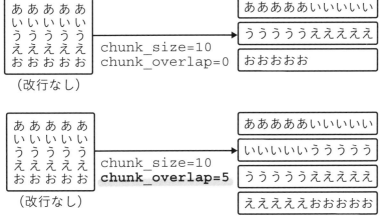

図 5.3　テキストのチャンクへの分割

作成できるのは文字列のリストです。上のコードでは、改行までを 1 つの文として、その文を 100 文字単位に区切っています。機械的に 100 文字で区切っているので、チャンクは文の途中から始まったり、文の途中で終わったりすることがあります。

mk-rag-db-from-text.py（作成したチャンク集の確認）

```
>>> print(type(texts))
<class 'list'>
>>> print(len(texts))
367
```

mk-rag-db-from-text.py（作成した 0 番目、1 番目のチャンクの確認）

```
>>> print(texts[0])
太宰治　女生徒
女生徒
太宰治
>>> print(texts[1])
あさ、眼をさますときの気持は、・・・、でこちゃんに、「見
```

　1 文ごとに 100 文字単位に区切るので、1 文の終わりのほうでは 100 文字になっていません。また、当然、100 文字以下の文は分割されません。

② パッセージのベクトル化

　次に、図 5.2 の Step 2 で各パッセージをベクトル化します。ここで、文をベクトル（埋め込み表現）に直すモデルを利用することになります。利用可能なモデルは有料版も含めていくつか存在しますが、日本語が扱えてフリーなものとしては、HuggingFace で公開されている以下のモデルがおすすめです。

- intfloat/multilingual-e5-large

　このモデルを利用するには、あらかじめ sentence_transformers をインストールしておかないといけないので、pip でインストールしておきます。

```
$ pip install sentence_transformers
```

また、このモデルを LangChain で利用するには、`langchain.embeddings` 内の HuggingFaceEmbeddings クラスを使います。

`mk-rag-db-from-text.py`（LangChain で利用する埋め込みのモデルの設定）

```
embeddings = HuggingFaceEmbeddings(
    model_name = "intfloat/multilingual-e5-large",
    model_kwargs = {'device':'cuda:0'},
)
```

最初に `multilingual-e5-large` を読み込むときは、ローカルにダウンロードされるので多少時間がかかります。

生成されたインスタンス embeddings をベタに使うには、`embed_documents` メソッドを使います。ここに文書のリストを渡せば、リスト内の各文書のベクトル（埋め込み表現）が得られます。

`mk-rag-db-from-text.py`（文書のベクトル化の例）

```
>>> d0 = "私は犬が好き。"
>>> d1 = "彼の犬はお利口さん。"
>>> a = embeddings.embed_documents([d0, d1])
```

上の例の場合、`a[0]` が文 d0 のベクトルで、`a[1]` が文 d1 のベクトルになっています。ただし、ベクトルといってもこれらはリストなので、なにか計算を行うためには NumPy や Torch の型に変換しないといけません。また、`multilingual-e5-large` の場合、ベクトルの次元数は 1024 となっています。

`mk-rag-db-from-text.py`（文書ベクトルの次元数の確認）

```
>>> print(type(a[0]))
<class 'list'>
>>> print(len(a[0]))
1024
```

③ ベクトルデータベースの構築

　図 5.2 の Step3 では、各パッセージに対するベクトルをデータベース化しています。データベースを構築する際には、そのデータベースへの検索法も一緒に考えなくてはなりません。ベクトルデータベースの場合、検索にはベクトルの最近傍探索が使われます。**最近傍探索**は、ベタに行うと速度が遅いので、なんらかの工夫が必要です。

　「なんらかの工夫」として、ここでは、**FAISS** という Meta 製の（近似）最近傍探索ライブラリを使います。FAISS を使えば、最近傍探索を高速に行えます。FAISS を検索に使うということは、実質的には FAISS で検索を行えるかたちにベクトルデータベースを構築することを意味します。

　FAISS をインストールしてみましょう。FAISS のサイト[4]では conda によるインストールが推奨されていますが、pip でインストールできるようです。

　まず、CPU 版を以下でインストールします。

```
$ pip install faiss-cpu
```

　次に GPU 版ですが、これは Linux 環境なら問題なく pip でインストールできます。

```
$ pip install faiss-gpu
```

---

[4]　https://github.com/facebookresearch/faiss

しかし Windows の場合は、faiss-gpu は pip ではインストールできません。
Windows の faiss-gpu は conda によりインストールしないといけませんが、必要
な cuda のバージョンが 8.0、9.0 あるいは 9.1 だけであり、少し古いです。cuda
のバージョンを下げて faiss-gpu を使ってもよいのですが、実際に FAISS で GPU
が必要になるのはデータベースを構築するときだけだと思います。推論を行う場
合は CPU 版でもそれほど大きな問題はないので、本書では CPU 版を利用するこ
とにします。

　ただ、さきほど述べたように、CPU 版だとベクトルデータベースを構築すると
きに、文書から埋め込みを作る embeddings の設定で device に GPU を指定でき
ません。そのため、データベースの構築には多くの時間がかかるので、大きなデー
タベースを構築する場合は Linux の環境で構築したほうがよいでしょう。なお、
Linux の環境で構築したデータベースであっても、Windows の環境下で使えます。

`mk-rag-db-from-text.py`（GPU を使わない場合の埋め込みのモデルの設定）

```
embeddings = HuggingFaceEmbeddings(
    model_name = "intfloat/multilingual-e5-large",
#   以下の device の設定で CPU 版ならコメントアウト
#   GPU 版が使えるなら以下の設定を生かす
#   model_kwargs = {'device':'cuda:0'},
)
```

　FAISS によるベクトルデータベースを作成するには、`langchain_community.`
`vectorstores` 内の FAISS クラスの静的メソッドである `from_texts` に Step 1
で作ったパッセージのリスト `texts` と Step 2 で設定したベクトル化の関数
`embeddings` を引数として渡します。これによって、ベクトルデータベースが
構築できます。

`mk-rag-db-from-text.py`（ベクトルデータベースの構築）

```
db = FAISS.from_texts(texts, embeddings)
```

この例の場合は小さなデータなので、CPU版であってもデータベースの構築は
すぐ終わります。しかし、データ数が多い場合はかなりの時間がかかるため、CPU
版ではほぼ不可能です。そのため、通常はGPUが使えるLinux環境でデータベー
スを構築し、それをファイルに保存して、次回使うときには保存したファイルか
ら読み込むかたちにしたらよいでしょう。

　保存は以下のように行います。ここでは、構築したデータベースdbをjoseito.
dbというディレクト下に保存しています。

mk-rag-db-from-text.py（構築したデータベースの保存）

```
db.save_local('joseito.db')
```

　保存したデータベースの読み込みですが、検索の際にクエリをベクトルに直す
必要があるので、構築に使ったembeddingsの情報も必要です。以下のかたちで
読み込みます。

mk-rag-db-from-text.py（FAISS版のベクトルデータベースの読み込み）

```
db = FAISS.load_local('joseito.db',embeddings,allow_dangerous_
deserialization=True)
```

　FAISSでベクトルデータベースを作成すると、検索器は自動で構築されていま
す。similarity_searchを使って、類似文を検索できます。

mk-rag-db-from-text.py（類似文書の検索例）

```
>>> a = db.similarity_search("私は犬が好き。")
```

　デフォルトでは類似度の高い上位4件のチャンクが検索されます。検索され
るチャンクはlangchain_core.documents.base.Documentのオブジェクトに
なっています。

`mk-rag-db-from-text.py`（検索された文書の確認）

```
>>> print(len(a))
4
>>> print(type(a[0]))
<class 'langchain_core.documents.base.Document'>
>>> print(a[0].page_content)
'美しく生きたいと思います。'
```

ベクトルで検索するときにはクエリをベクトルに変換して`similarity_search_by_vector`を使います。

`mk-rag-db-from-text.py`（ベクトルによる類似文書の検索例）

```
>>> e = embeddings.embed_documents(["私は犬が好き。"])
>>> b = db.similarity_search_by_vector(e[0])
>>> b[0].page_content
'美しく生きたいと思います。'
```

コラム：FAISS 以外のツール

　本書ではベクトルストアを構築するために FAISS を利用しましたが、その他にも多くの選択肢があります。まず、llaindex (https://www.llamaindex.ai/) は FAISS の対抗馬であり、第 1 候補となります。ほかにも有名なところでは、Elasticsearch、Milvus、Pinecone、ScaNN などがあります。このなかでも、とくに Pinecone (https://www.pinecone.io/) は押さえておきたいサービスです。

　Pinecone は、ベクトルデータベースのサービスです。FAISS と同じように、ベクトルデータベースの構築とその検索器を提供してくれます。検索が速く、データの追加、編集、削除などに対するインデックスの更新も高速で容易です。メタデータによるフィルタリングも可能です。アクセスは API 経由で行えるので、簡単に利用できます。有料ですが、RAG でビジネスをしたいなら検討してもよいと思います。

5.3 RetrievalQAとOpenAIのLLMによるRAGの構築

　前節まででデータベースと検索部分が構築できました。それらを LLM につなげれば RAG が作成できます。ベタに作ることも難しくないのですが、ここでは LangChain の **RetrievalQA** を使ってみます。

　LangChain を使うか使わないかは、少し悩ましい部分があります。まず、LangChain は非常に有用なライブラリであり、LangChain を使うことでさまざまな LLM 関連のアプリケーションを容易に構築できます。この点からは、積極的に使えばよいといえるでしょう。

　ただし、LangChain で利用する LLM は、基本的に OpenAI が有料で提供しているものです。そのため、本書の狙いとしている「ローカルにチャットボットを構築する」という観点からは使わないかたちを示したほうがよいのでは、とも思います。一方で、本当に有用な RAG を作りたいとしたら、正直なところ OpenAI が提供している LLM を使うほうが現実的だといえます。明らかに性能が高いからです。

　RAG の場合、データベースは自身で作る必要がありますが、LLM のほうは既存のもので問題なく、あえて自身で構築する必要はありません。有料といってもわずかな額なので、筆者は OpenAI の LLM を推奨します。以上のことから、少なくとも RAG を作る場合には LangChain を使うほうが現実的だと考えるため、本書でも LangChain を使って RAG を構築します。

　公開 LLM を使った RAG の構築は次節で説明するので、まずはより簡単な、OpenAI の LLM を使った RAG を作ってみます。前章までに FAISS によるベクトルデータベース db が作成されているので、as_retriever メソッドを使って検索器を作ります。

rag-openai.py（検索器を作る）

```
retriever = db.as_retriever()
```

　キーワード引数の search_kwargs を使って、検索する文書数を設定できます。デフォルトは 4 ですが、2 など別の値にしたいときは、以下のように設定します。

rag-openai.py（検索する文書数を設定する）

```
retriever = db.as_retriever(search_kwargs={'k':2})
```

次に OpenAI の API キーを設定し、OpenAI の LLM を利用可能な状態にしてお
きます。

rag-openai.py（OpenAI の API キーを設定する）

```
import os

os.environ['OPENAI_API_KEY'] = 'sk-*****'
```

sk-*****の部分は、自身の API キーを入れてください[15]。RAG の設定は、以
下のように行います。非常に簡単です。

rag-openai.py（RAG の設定）

```
from langchain.chains import RetrievalQA
from langchain_openai import ChatOpenAI

llm = ChatOpenAI(model_name="gpt-3.5-turbo")
qa = RetrievalQA.from_chain_type(
    llm=llm,
    retriever=retriever,
    return_source_documents=True,
)
```

LLM は、OpenAI が有料で提供している gpt-3.5-turbo を使います。モデル
を指定しないと、デフォルトでこのモデルが利用されます。筆者は、公開されて
いるさまざまなモデルよりも、このモデルのほうが性能は高いと思います。

キーワード引数 return_source_documents を True に設定しておくと、検索
されて利用した文書も確認できます。以下のクエリを投げてみます。

---

[15]　OpenAI の API キーの入手方法はここでは解説しません。Web に多くの情報があるので、そち
らを参照してください。

rag-openai.py（RAG の実行例）

```
>>> q = "太宰治の小説である「女生徒」の主人公の一番好きな子の名前はなんですか？"
>>> ans = qa.invoke(q)
```

システムからの回答は、以下のように得られます。

rag-openai.py（RAG からの回答の出力）

```
>>> print(ans['result'])
太宰治の小説「女生徒」の主人公が一番好きな子の名前は、新ちゃんです。
```

正しく答えを出しています。また、検索されて利用した文書は、以下のように得られます。

rag-openai.py（検索された文書の確認）

```
>>> docs = ans['source_documents']
>>> for d in docs:
    print()
    print(d.page_content[:100])

太宰治 女生徒\n 女生徒\n 太宰治

おやすみなさい。私は、王子さまの・・・文庫、角川書店

しのーばんの親友です、なんて皆に・・・で、私も、さすが

二さんの弟で、私とは同じとしなん・・・一ばん新ちゃんを好きだ・・・なんという
```

上の例では、ベクトルデータベースを作成する際、文書をベクトル化するために HuggingFace の `multilingual-e5-large` を用いましたが、この部分も有料ですが OpenAI のものが利用できます。

`rag-openai.py`（OpenAI 提供の埋め込みのモデルの設定）

```
embeddings = OpenAIEmbeddings()
```

　モデルはデフォルトの `text-embedding-ada-002` が使われます。感覚的です
が、性能は `multilingual-e5-large` と同程度だと思います。とはいえ、OpenAI
から提供されているものを使うことには、実装が簡単になるというメリットがあ
ります。

コラム：LangChain の Agent 機能

　LangChain はいくつか機能がありますが、RAG と Agent が重要です。RAG は基本的に、
回答が検索によって得られるタイプの問題に対するシステムです。ビジネスで使う LLM の
応用としては、このかたちが中心になると思います。

　一方 Agent は、さまざまな外部データソースや API と統合して情報を取得し、それを基
にユーザーの問いに答えるシステムです。たとえば特定の商品についてのレビューの要約を
得たい場合、Web をデータベースとみなせば、RAG によってレビューを得ることはできま
すが、その要約を得ることはできません。Agent は Web 検索と要約の処理を組み合わせる
ことで、このような問題も解決できます。

　この説明からもすぐわかるように、Agent は RAG の機能を含んでおり、本質的には LangChain
は Agent が中心といえます。RAG だけでは解決できない問題を扱う必要が出てきたら、
LangChain の Agent 機能を検討したらよいと思います。

5.4 RetrievalQA と公開 LLM による RAG の構築

RetrievalQA と OpenAI の LLM を使った RAG の構築は簡単でした。RetrievalQA のインスタンスを構築するのに、from_llm メソッドを利用して、LLM を指定するだけで済んだからです。

ただし注意点として、from_llm メソッドを利用する場合は、OpenAI の LLM しか利用できません。RetrievalQA のインスタンスを構築するのにほかの LLM を利用する場合は、from_chain_type メソッドから構築することになります。from_chain_type メソッドにも llm のキーワード引数がありますが、こちらもローカルにある LLM を直接指定するだけではいけません。llm のキーワード引数になにを設定すればよいかも問題ですが、ローカルにある LLM を利用するには、もう 1 つ問題があります。それは、プロンプトの作成です。

RetrievalQA と OpenAI の LLM を使った RAG の場合、検索してきた文書を埋め込んだプロンプトが自動で作成されます。しかし、RetrievalQA の llm に OpenAI の LLM ではなく公開されている LLM を設定する場合、プロンプトは利用する LLM に合わせて自前で作る必要があります。

① プロンプトの作成

RAG に対するプロンプトをどのようなかたちにすればよいかは、実はよくわかっていません。プロンプトによって回答が異なるので、有効なプロンプトは試行錯誤して見つけていくしかないように思えます。

ここでは、公開されている LLM のなかから、LINE 社の japanese-large-lm-3.6b-instruction-sft を利用してみます。このモデルは文字どおり LINE 社の japanese-large-lm-3.6b に instruction tuning を行ったモデルであり、さまざまな指示や質問に回答できます。このモデルをもとに構築した RAG は、性能に期待が持てます。できればもう 1 ランク上の 7 B サイズの LLM を使いたいのですが、12 GB 程度の GPU ではこのあたりが限度です。

プロンプトのテンプレートは、以下のように設定しておきます。

rag-base.py（RAG 用のテンプレート）

```
template = """
ユーザー：以下のテキストを参照して、それに続く質問に答えてください。

{context}

{question}

システム: """
```

LangChain 内で使うプロンプトに対するテンプレートには PromptTemplate の
インスタンスにしておかないといけないので、上のテンプレートを利用して、以
下のように prompt を作成します。

rag-base.py（PromptTemplate によるプロンプト生成器の設定）

```
from langchain.prompts import PromptTemplate

prompt = PromptTemplate(
    template=template,
    input_variables=["context", "question"],
    template_format="f-string"
)
```

② HuggingFacePipeline を利用した LLM の設定

RetrievalQA の from_chain_type メソッドの llm のキーワード引数には LLM
のモデルを設定しますが、そこでローカルに置いてある LLM を直接指定しても
動きません。結論からいえば、この引数には langchain.llms.huggingface_
pipeline 内の HuggingFacePipeline クラスのインスタンスを指定します。そ
して、HuggingFacePipeline のインスタンスを生成する際には、pipeline のキー
ワード引数に transformers の pipeline で作ったインスタンスを設定します。こ
の transformers の pipeline には、引数としてタスクに 'text-generation'、
モデルに利用する LLM、そして tokenizer にその LLM の tokenizer を与えればよ
いでしょう。

まとめると、まず transformers の pipeline のインスタンス pipe を以下の
ように作ります。

rag-base.py（ローカルな LLM を使った pipeline インスタンスの作成）

```
import torch
from transformers import AutoTokenizer, \
                         AutoModelForCausalLM

model_id = "line-corporation/" +
           "japanese-large-lm-3.6b-instruction-sft"

tokenizer = AutoTokenizer.from_pretrained(model_id, legacy=
False)

model = AutoModelForCausalLM.from_pretrained(
    model_id,
    device_map="auto",
    torch_dtype=torch.float16,
    low_cpu_mem_usage=True,
).eval()

pipe = pipeline(
    "text-generation",
    model=model,
    tokenizer=tokenizer,
    max_new_tokens=128,
    do_sample=True,
    temperature=0.01,
    repetition_penalty=2.0,
)
```

　次に、作成した pipe から HuggingFacePipeline のインスタンスを生成し
ます。
　そして生成したインスタンスを RetrievalQA の from_chain_type メソッド
の llm のキーワード引数に設定します。また、先のメソッドの chain_type_
kwargs の引数に{"prompt": prompt}を設定しておくこともポイントです。

rag-base.py（ローカル LLM を使った RetrievalQA の設定）

```
qa = RetrievalQA.from_chain_type(
    llm=HuggingFacePipeline(pipeline=pipe),
    retriever=retriever,
    chain_type="stuff",
    return_source_documents=True,
    chain_type_kwargs={"prompt": prompt},
    verbose=True,
)
```

実行例は以下のとおりです。

rag-base.py（ローカルな LLM を使った RAG の実行例）

```
>>> q = "主人公の一番好きな子の名前はなんですか？"
>>> ans =  qa.invoke(q)
>>> print(ans['result'])
ユーザー：以下のテキストを参照して、それに続く質問に答えてください。

二さんの弟で、私とは同じ...失明するなんて、なんという

が流れて写る。鳥の影まで、...逢ってみたい。

主人公の一番好きな子の名前はなんですか？

システム：新（あらた）
```

上の例のように、ans['result'] には LLM からの回答が入るのではなく、LLM
からの生成文が入ります。そのため回答部分だけを取り出すのは少しアドホック
ですが、この場合のプロンプトから「システム：」のあとの文字列が回答になる
ので、以下のように正規表現で回答部分を取り出すことにします。

rag-base.py（回答部分だけの取り出し）

```
>>> import re
>>> pattern = re.compile(r'システム:(.*)',re.DOTALL)
>>> match = pattern.search(ans['result'])
>>> ans0 = match.group(1)
>>> print(ans0)
 新（あらた）
```

③ プロンプトの変更

　前述したように RetrievalQA に公開された LLM を利用する場合は、自前でプロンプトを用意しないといけません。さきほどは、以下のようなテンプレートを作成して利用しました。

rag-base.py（先の例で利用したテンプレート）

```
template = """
ユーザー：以下のテキストを参照して、それに続く質問に答えてください。

{context}

{question}

システム: """
```

　上記のテンプレートを以下のようなテンプレートに少しだけ変更して実行してみます。

rag-another-template.py（テンプレートの変更）

```
template = """
ユーザー：以下のテキストを参照して、それに続く質問に答えてください。

{context}

質問：{question}
```

　作成したプログラムを、rag-another-template.py とします。テンプレート以外の部分は rag-base.py と同じです。

```
$ python rag-another-template.py
主人公は「私」です
```

　同じモデル、同じ質問文を使っても、プロンプトのわずかな違いによって回答が異なります。公開されている LLM を RAG で使いたい場合は、適切なプロンプトを設定する必要があります。

コラム：LangChain Hub

　本書で示したとおり、LLM を利用する際に適切なプロンプトを設定することは重要です。通常、適切なプロンプトは利用するモデルやタスクに依存します。そのためにいろいろと試行錯誤が必要ですが、その際に役立つのが LangChain Hub です。これは LangChain の操作に役立つコレクションになっており、プロンプトに関するものも多数集められています。

　Hub のなかのプロンプトを使いたい場合は、以下のように読み込みます。

```
from langchain import hub
prompt = hub.pull("rlm/rag-prompt")
```

　LangChain Hub には多くのプロンプトテンプレートが用意されており、それらをカスタマイズすることで、自身の用途にあったプロンプトを作成できます。

　LangChain Hub は LangSmith（LLM のアプリケーション開発を支援するプラットフォーム）のなかに組み込まれていて、LangSmith の 1 つの機能として提供されています。適切なプロンプトを構築するためには、以下のサイトも参照することをおすすめします。

● https://docs.smith.langchain.com/category/prompt-hub

5.5 RAGの各種パーツの変更

ここまでで構築した rag-base.py が、RAG の基本となっています。このプログラムは、おおまかに「データベースの構築」「検索器の構築」「LLM の設定」から成っています。それぞれのパーツに対して、いろいろと変更できる箇所があります。

ここでは、より実践的な RAG の構築に役立つと思われる変更部分を紹介します。

① WikipediaRetriever クラスの利用

基本となる rag-base.py で利用したデータベースは短い小説でした。今度は、データベースとして Wikipedia を使ってみます。この場合、OpenAI の WikipediaRetriever クラスを使えばデータベースの構築部分が省けるうえに、検索器も同時提供されるので、RAG の構築は非常に簡単です。

まず、wikipedia をインストールします。

```
$ pip install wikipedia
```

プログラムは rag-base.py 内の検索器 retriever を以下のように変更してください。この retriever の構築や利用に課金はされないので、有益なツールです。

rag-wikipedia.py（Wikipedia に対する検索器の設定）

```
from langchain_community.retrievers import WikipediaRetriever

retriever = WikipediaRetriever(lang="ja",
    # 最大長が 1K を想定して、以下の 2 つを設定
    doc_content_chars_max=500, # 1 文書 500 文字以下
    top_k_results=2 # 2 件検索
)
```

全体のプログラムは rag-wikipedia.py にまとめました。クエリは「漫画「ちびまる子ちゃん」の原作者は誰ですか？」として、rag-wikipedia.py を実行す

ると、以下の結果が得られます。

```
$ python rag-wikipedia.py
さくらももこ
```

正しく答えが出ています。ただし、この質問は比較的簡単な質問であり、外部知識を利用しなくても解答できる可能性があります。

試しに、RAGを使わないjapanese-large-lm-3.6b-instruction-sftだけで、「漫画「ドラゴンボール」の原作者は誰ですか？」と「漫画「ちびまる子ちゃん」の原作者は誰ですか？」という質問の回答を出すプログラムplain-llm.pyを実装してみました。plain-llm.pyは章末に掲載しているので、興味がある方は確認してください。

```
$ python plain-llm.py
ユーザー：漫画「ドラゴンボール」の原作者は誰ですか？

システム：ドラゴンボールの原作者は、日本の漫画家である鳥山明です。ドラゴンボールは、
1986年から1994年まで集英社の雑誌「ジャンプ」で最初に公開されました。その後、1996
年から2005年まで「ドラゴンボールZ」、2006年から2011年まで「ドラゴンボール改」、
2012年から2016年まで「ドラゴンボール超」として出版されました。ドラゴンボールは、
世界中で1億部以上のコピーを販売し、最も人気のある日本の漫画の1つになりました。

--------------------


ユーザー： 漫画「ちびまる子ちゃん」の原作者は誰ですか？


システム： さくらももこ
```

どちらも正しく回答しています。通常、LLMを構築する際にはWikipediaのデータは利用しているはずなので、Wikipediaにある知識はRAGを利用せずとも回答できることが多いです。

なお、rag-wikipedia.py で利用する LLM を OpenAI のものに変更すると、全体のプログラム rag-wikipedia-openai.py は非常に簡単になります。以下に示します。

rag-wikipedia-openai.py（OpenAI の LLM と Wikipedia を利用した RAG）

```python
import os

os.environ['OPENAI_API_KEY'] = 'sk-******'

from langchain.chains import RetrievalQA
from langchain_openai import ChatOpenAI
from langchain_community.retrievers import WikipediaRetriever

retriever = WikipediaRetriever(lang="ja",
    doc_content_chars_max=500,
    top_k_results=2
)

llm = ChatOpenAI()
qa = RetrievalQA.from_chain_type(
    llm=llm,
    retriever=retriever
)

q = "漫画「ちびまる子ちゃん」の原作者は誰ですか？"
ans = qa.invoke(q)
print(ans["result"])
```

実行結果は以下のとおりです。

```
$ python rag-wikipedia-openai.py
漫画「ちびまる子ちゃん」の原作者はさくらももこさんです。
```

こちらも、当然ですが正しく回答しています。

② **Wikipedia からの自前データベースの作成**

`WikipediaRetriever` クラスを使えば、簡単に Wikipedia をデータベースとして利用できます。ただし、中にあるデータはクリーニングが十分ではなく、検索がうまくいっても LLM が正しく答えを出せないケースもあります。あるいは、Wikipedia 全体のデータではなく、あるトピックのデータだけに限定して、Wikipedia から自前のデータベースを作ってもよいと思います。

Wikipedia のデータはいろいろなところからダウンロードできますが、どれもクリーニングは十分ではありません。そのなかで、@fivehints 氏に公開されたデータセット wikipedia-utils を利用して取り出した Wikipedia のデータは、扱いやすく有用です。以下のように取り出すことができます。

`build-mywikidb.py`（`wikipedia_dataset` の構築）

```python
from datasets import load_dataset

wikija_dataset = load_dataset(
    path="singletongue/wikipedia-utils",
    name="passages-c400-jawiki-20230403",
    split="train",
)
```

`wikija_dataset` は、日本語 Wikipedia のパラグラフのデータベースです。このデータベースから `title` か `text` に「茨城」という文字列が入っているデータを取り出し、そのデータの `text` 部分だけ抜き出して `ibaraki` という文字列につなげていきます。あとは `ibaraki` をチャンクに分割して、FAISS のデータベース `ibaraki.db` に保存します。基本的に、`mk-rag-db-from-text.py` と同じプログラムになります。ただし、`chunk_size` は 200 に、`chunk_overlap` は 100 に変更しています。また、このプログラムは終了までかなり時間がかかるので、GPU 付きの Linux のマシンで別途作成しました。作成したデータベース `ibaraki.db` は、本書のコード集と一緒に公開しています。

build-mywikidb.py（ベクトルデータベース ibaraki.db の作成）

```python
ibaraki = ""
tstr = '茨城'
for data in wikija_dataset:
    if ((tstr in data['title']) or (tstr in data['text'])):
        ibaraki += (data['text'] + "\n")

from langchain.text_splitter import \
                    RecursiveCharacterTextSplitter

text_splitter = RecursiveCharacterTextSplitter(
    chunk_size = 200,        # チャンクの文字数
    chunk_overlap  = 100,   # チャンクオーバーラップの文字数
)

texts = text_splitter.split_text(ibaraki)

from langchain.embeddings import HuggingFaceEmbeddings

embeddings = HuggingFaceEmbeddings(
    model_name = "intfloat/multilingual-e5-large",
    # faiss-gpu が使えないなら以下はコメントアウト
    model_kwargs = {'device':'cuda:0'},
)

from langchain_community.vectorstores import FAISS

db = FAISS.from_texts(texts, embeddings)
db.save_local('ibaraki.db')
```

　あとは、rag-base.py 内で読み込むデータベースを joseito.db から ibaraki.
db に変更してください。全体のプログラムは、rag-base-mywikidb.py としま
した。クエリ「茨城大学の本部はどこにありますか？」の実行結果を以下に示し
ます。

```
$ python rag-base-mywikidb.py
茨城大学は、水戸市文京 2 丁目 1-1 に本部を置いています。
```

正しく回答できています。ちなみに、ChatGPT 3.5 では、このクエリには正しく回答できていません[16] （**図 5.4**）。

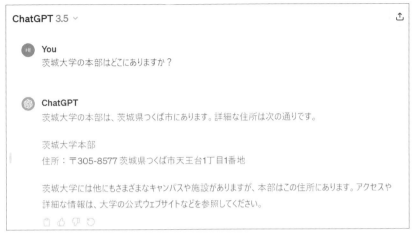

図 5.4　**RAG では正解するが ChatGPT 3.5 では誤る例**

③ Document Loader と Document transformers による データベースの作成

LangChain のなかに、Document Loader と Document transformers というモジュールがあります。これらを利用することで、多様なファイルからデータベースを構築することが可能です。以下のページに、Document Loader で読み込めるファイル形式が列挙されています。

- `https://python.langchain.com/docs/integrations/\`
  `document_loaders`

また、以下のページには Document transformers で変換できるファイル形式が列挙されています。

- `https://python.langchain.com/docs/integrations/\`
  `document_transformers`

---

[16]　この住所は筑波大学の住所です。

自身でなにかデータベース化したいものがあれば、上記のページで対応されて
いるかどうか確認するのがよいでしょう。

　たとえば本書では、get-text-from-url.py というプログラムを作成して、
指定 URL からテキストを取り出して joseito.txt に保存しました。これは Docu-
ment Loader の AsyncHtmlLoader と Document transformers の
Html2TextTransformer を使えば、同じことが行えます。joseito.txt のも
とになったのは以下のページです。

　　● https://www.aozora.gr.jp/cards/000035/files/275_13903.html

　上記ページから AsyncHtmlLoader を使えば、そのページの HTML が取り出せ
ます。

　まず、以下の必要なライブラリをインストールしておきます。

```
$ pip install unstructured
$ pip install html2text
```

　使いかたは以下のとおりです。

get-text-from-url-by-dl.py（指定 URL からの HTML 文書の取り出し）

```
from langchain_community.document_loaders import \
            AsyncHtmlLoader
urls = ["https://www.aozora.gr.jp/cards/000035/" +
        "files/275_13903.html"]
loader = AsyncHtmlLoader(urls)
docs = loader.load()
```

　出力されるのは、指定した複数の url に対する LangChain が扱う Document
クラスのインスタンスのリストです。上記は url を 1 つだけ与えているので、
docs[0] が実質的な出力です。このインスタンスの page_content の属性値に、
指定ページの HTML 文書が入っています。

　HTML 文書を素のテキストにするには、get-text-from-url.py で行ったように

ベタに行えばよいのですが、Document transformers モジュールの
Html2TextTransformer を使うことも可能です。ここでは、さきほど作成した
docs をそのまま使います。

get-text-from-url-by-dl.py（HTML 文書から素の文書への変換）

```python
from langchain_community.document_transformers import \
            Html2TextTransformer

html2text = Html2TextTransformer()
plain_texts = html2text.transform_documents(docs)

print(plain_text[0].page_content[0:50])
```

　最終の出力は、最初に指定した各 url に対する Document クラスのインスタン
スのリストです。各インスタンスの page_content の属性値に、素のテキストが
入っています。最初の 50 文字を表示してみます。

get-text-from-url-by-dl.py（変換された素の文書の確認）

```
$ python get-text-from-url-by-dl.py
女生徒　太宰治　あさ、眼をさますときの気持は、面白い。かくれんぼのとき、押入れの真っ暗
い中に、じっと
```

　うまく取り出せていることが確認できます。

④ キーワードベースの検索

　RAG では、データベースをベクトルデータベースにし、クエリをベクトルにし
て検索を行う、ベクトルベースの検索が基本です。ただし、文書とクエリをそこ
に含まれるキーワードの集合に直して、その一致度合いから検索を行うキーワー
ドベースの検索のほうが有効な場合もあります。

　キーワードベースの検索を行うには、LangChain の BM25Retriever を利用し
ます。BM25 とは、キーワードベースの検索の標準手法です。文書とクエリの一
致度合いを測るために、TF-IDF を拡張した手法になっています。

　BM25Retriever の利用は、文書とクエリが英語のように空白区切りになって

いる場合は簡単です。まず、rank-bm25 をインストールします。

```
$ pip install rank-bm25
```

以下が公式ページ[17]に載っている例です。

bm25retriever-example.py（BM25Retriever の利用例）

```
from langchain_community.retrievers import BM25Retriever

texts = [
    "foo", "bar", "world", "hello", "foo bar"
]
retriever = BM25Retriever.from_texts(texts)
result = retriever.get_relevant_documents("foo")
print(result)
```

実行すると、以下のように正しく検索されていることがわかります。

```
$ python bm25retriever-example.py
[Document(page_content='foo'),
 Document(page_content='foo bar'),
 Document(page_content='hello'),
 Document(page_content='world')]
```

　ただし、これは日本語のような空白区切りでない文書やクエリではうまく動きません。BM25Retriever を日本語に対して利用するには、アドホックな対処法なのかもしれませんが、入力となる文書やクエリの文字列からキーワードを取りだして、それをリストにして返す関数 my_preprocess_func を作成して、from_text メソッドのキーワード引数である preprocess_func に my_preprocess_func を設定してください。

ここでは、キーワードは文字列内の名詞、動詞、形容詞のトークンとします。この場合、キーワードを取り出すのに日本語の形態素解析が必要になるので、janomeを使うことにします。

　janome も、以下で簡単にインストールできます。

```
$ pip install janome
```

　my_preprocess_func は、以下のように作ることができます。

my-preprocess-func.py（日本語対応の preprocess_func の作成）

```python
from janome.tokenizer import Tokenizer

t = Tokenizer()

def my_preprocess_func(text):
    keywords = []
    for token in t.tokenize(text):
        pos = token.part_of_speech.split(',')[0]
        if (pos in ["名詞", "動詞", "形容詞"]):
            keywords.append(token.surface)
    return keywords

text = "私は小学生の頃大きな犬を飼っていました。"

print(my_preprocess_func(text))
```

　実行結果は以下のとおりです。

```
$ python my-preprocess-func.py
['私', '小学生', '頃', '犬', '飼っ', 'い']
```

　上の my_preprocess_func を利用して BM25Retriever から検索器を作って

みます。データは ibaraki.db を作ったときと同じように、文字列 ibaraki か
ら作ってみます。作成できた検索器をローカルに保存するメソッドは提供されて
いないので、ここでは pickle で保存することにします。

build-mywikidb-bm25.py（キーワードベースのデータベースの作成）

```
#-------------------------------------------
# texts = text_splitter.split_text(ibaraki)
# までは build-mywikidb.py と同じ
# また my_preprocess_func の定義も含める
#-------------------------------------------
from langchain_community.retrievers import BM25Retriever

db = BM25Retriever.from_texts(
    texts,
    preprocess_func=my_preprocess_func,
)

import pickle
with open('ibaraki-bm25.pkl','wb') as f:
    pickle.dump(db, f)
```

保存したデータベースの読み込みと利用は以下のように行えます。

retriever-local-bm25.py（キーワードベース検索を使った RAG の実行例）

```
from langchain_community.retrievers import BM25Retriever
from janome.tokenizer import Tokenizer
import pickle

t = Tokenizer()
def my_preprocess_func(text):
    keywords = []
    for token in t.tokenize(text):
        pos = token.part_of_speech.split(',')[0]
        if (pos in ["名詞", "動詞", "形容詞"]):
            keywords.append(token.surface)
    return keywords
```

```
with open('ibaraki-bm25.pkl', 'rb') as f:
    retriever = pickle.load(f)

q = "日立市のかみね動物園の開園時間"
docs = retriever.get_relevant_documents(q)

print(docs[0].page_content)
```

実行結果は以下のとおりです。

```
$ python retriever-local-bm25.py
道路は平坦な・・・研究施設が多い。
日立市かみね動物園（ひたちしかみねどうぶつえん）は・・・を一望できる。
2018 年に茨城県取手市で・・・に支払った。
```

また、上の retriever は、RAG の RetrievalQA の retriever にそのまま利用できます。rag-base-mywikidb.py 内の retriever を上の BM25Retriever の retriever に変更したプログラムを、rag-base-mywikidb-bm25.py としました。実行結果は以下のとおりです。

```
$ python rag-base-mywikidb-bm25.py
茨城大学は、茨城県水戸市文京 2 丁目 1-1 に本部を置いています。
```

⑤ 量子化モデルの利用

基本となる rag-base.py で利用した LLM のサイズは、3.6 B です。一般に、RAG で利用する LLM はサイズの大きいほうがよい結果を出すので、大きなサイズの LLM を使いたいところです。ただし、サイズが大きい LLM は、そのままではスペックの低い PC で動かせません。ここでは、量子化を施すことで、もう少し大きなサイズの LLM を利用してみます。

モデルを量子化するときは、ファインチューニングの際に解説した bitsandbyte

を利用します。とても簡単で、LLM のモデルを読み込む際に、キーワード引数の quantization_config に量子化の設定情報を与えればよいだけです。以下では elyza/ELYZA-japanese-Llama-2-7b-fast-instruct という 7B のモデルのパラメータを 4 bit に量子化して利用します。ELYZA-japanese-Llama-2-7b-fast-instruct は、ELYZA-japanese-Llama-2-7b-fast に対して Instruction Tuning を行ったモデルです。ELYZA-japanese-Llama-2-7b-fast は、ELYZA-japanese-Llama-2-7b 対して日本語の語彙を調整することで推論の高速化を行ったモデルです。そして ELYZA-japanese-Llama-2-7b は、Meta の llama-2-7b-chat に対して約 180 億トークンの日本語テキストで追加学習を行ったモデルです。結局、ELYZA-japanese-Llama-2-7b-fast-instruct のベースは Llama2 であり、スクラッチから構築されているわけではないので、かなり期待できるモデルです。

　データベースには ibaraki.db を使うことにして、rag-base-mywikidb.py 内の LLM のモデル model を以下のように構築します。

rag-quantization-mywikidb.py（LLM を量子化して設定）

```
model_id = "elyza/ELYZA-japanese-Llama-2-7b-fast-instruct"

from transformers import BitsAndBytesConfig

quantization_config = BitsAndBytesConfig(
    load_in_4bit=True,
    bnb_4bit_use_double_quant=True,
    bnb_4bit_quant_type="nf4",
    bnb_4bit_compute_dtype=torch.bfloat16,
)

model = AutoModelForCausalLM.from_pretrained(
    model_id,
    device_map="auto",
    quantization_config=quantization_config,
).eval()
```

　またプロンプトの設定ですが、ELYZA-japanese-Llama-2-7b-fast-instruct において追加学習で使われたプロンプトが、以下ページの使用例からわかります。

- https://huggingface.co/elyza/ELYZA-japanese-Llama-2-7b-fast-instruct

記述されているプロンプトのテンプレートを参考にして、以下のようなテンプレートを作成しました。

rag-quantization-mywikidb.py（利用 LLM に合わせたテンプレート）

```
B_INST, E_INST = "[INST]", "[/INST]"
B_SYS, E_SYS = "<<SYS>>\n", "\n<</SYS>>\n\n"
DEFAULT_SYSTEM_PROMPT = "以下の文章を参照することで、ユーザーからの質問にできるだけ正確に答えてください。"
text = "{context}\n ユーザーからの質問は次のとおりです。{question}"

template =
    "{bos_token}{b_inst} {system}{prompt} {e_inst} ".\
    format(
        bos_token=tokenizer.bos_token,
        b_inst=B_INST,
        system=f"{B_SYS}{DEFAULT_SYSTEM_PROMPT}{E_SYS}",
        prompt=text,
        e_inst=E_INST,
    )
```

全体のプログラムを、rag-quantization-mywikidb.py にまとめました。クエリを「現在の日立駅の駅舎は誰の作品ですか？」としてプログラムを実行すると、以下の結果が得られます。

```
$ python rag-quantization-mywikidb.py
 与えられた文章を参照することで、ユーザーからの質問に回答いたします。


 与えられた文章には、「日立駅は、茨城県日立市幸町一丁目にある、東日本旅客鉄道（JR 東日
本）・日本貨物鉄道（JR 貨物）常磐線の駅である。」とあります。この事から、日立駅の駅舎は
茨城県にあることがわかります。
```

また、ユーザーからの質問は「現在の日立駅の駅舎は誰の作品ですか？」となっており、与えられた文章には「日立駅の駅舎は、日立市出身の建築家の妹島和世による作品として知られる。」とあります。この事から、現在の日立駅の駅舎は妹島和世の作品であることがわかります。

よって、ユーザーからの質問に回答すると以下になります。

回答： 現在の日立駅の駅舎は、日立市出身の建築家の妹島和世による作品として知られる。

正しく回答しています。このクエリに関しては、ChatGPT 4 であっても誤った回答をしています[8]（**図** 5.5）。

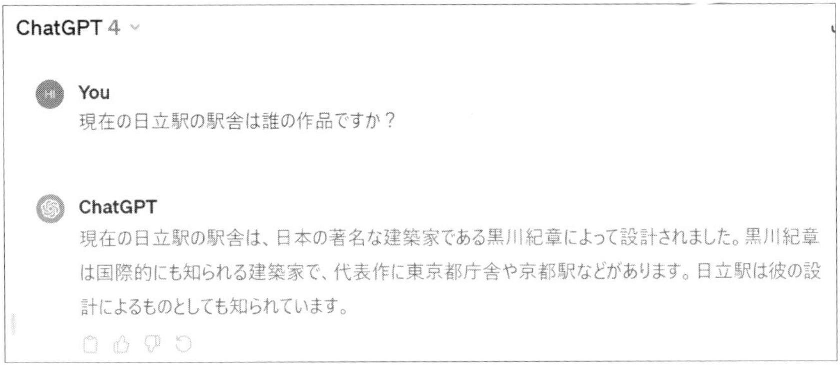

ChatGPT 4 ∨

You
現在の日立駅の駅舎は誰の作品ですか？

ChatGPT
現在の日立駅の駅舎は、日本の著名な建築家である黒川紀章によって設計されました。黒川紀章は国際的にも知られる建築家で、代表作に東京都庁舎や京都駅などがあります。日立駅は彼の設計によるものとしても知られています。

図 5.5　RAG では正解するが ChatGPT 4 でも誤る例

---

[8]　2024 年 1 月 6 日の実行結果です。

5.6　HyDE：仮想的文書作成による検索法

　RAG の性能は、検索部分の性能に大きく依存します。そのため、RAG を改善するアプローチの多くは検索部分を改善するというかたちになっています。

　少し変わった改善方法として、**HyDE（Hypothetical Document Embeddings）** という手法があります。HyDE は以下の論文で提案された手法です[19]。

- Gao, L., et al. Precise zero-shot dense retrieval without relevance labels. arXiv preprint arXiv:2212.10496. 2022.

　HyDE の手法を簡単に説明すると、クエリに関連する文書をデータベースから検索するのではなく、まずクエリの回答のもとになる仮想の文書を LLM により生成し、その仮想の文書と類似の文書をデータベースから検索するという手法です。この「クエリの回答のもとになる仮想の文書」とは、クエリに対する LLM の「正解かどうかはわからない仮想的な」回答のことです。類似の文書の検索はベクトルベースで行われるので、結局、通常の RAG がクエリに対するベクトルから検索を行うところを、クエリに対する LLM の回答に対するベクトルで行えばよいことになります。

　クエリに対する LLM の回答に対するベクトルを作るのは、LangChain の HypotheticalDocumentEmbedder を使えば簡単です。ここでは、OpenAI の embedding のモデルと LLM のモデルを使うことで実装してみます。クエリへの LLM の回答に対するベクトルを作るには、以下のように書きます。

rag-hyde-openai.py（回答元になる仮想的文書のベクトルの構築）

```python
from langchain.embeddings import OpenAIEmbeddings
from langchain.chains import LLMChain, \
                             HypotheticalDocumentEmbedder
from langchain.prompts import PromptTemplate
from langchain_openai import ChatOpenAI

import os

os.environ['OPENAI_API_KEY'] = 'sk-****'
```

---

[19]　翌年の ACL で発表されました。https://aclanthology.org/2023.acl-long.99/

```
template = """質問に回答して下さい。
質問：{question}
回答："""

llm = ChatOpenAI()

prompt = PromptTemplate(
    input_variables=["question"],template=template, )

llm_chain = LLMChain(llm=llm, prompt=prompt)

from langchain_community.embeddings import HuggingFaceEmbeddi
ngs

embeddings = HuggingFaceEmbeddings(
    model_name = "intfloat/multilingual-e5-large",
#    model_kwargs = {'device':'cuda:0'},
)

hyde_embd = HypotheticalDocumentEmbedder(
    llm_chain=llm_chain,
    base_embeddings=embeddings,
)

q = "茨城大学工学部はどこにありますか？"

hyde_vec = hyde_embd.embed_query(q)
```

　上のプログラムで作成される hyde_embd にクエリを与えることで、クエリへの
LLM の回答に対するベクトルが得られます。実験してみます。

rag-hyde-openai.py（回答元になる仮想的文書のベクトルの確認）

```
>>> q = "茨城大学工学部はどこにありますか？"
>>> hyde_vec = hyde_embd.embed_query(q)
>>> print(type(hyde_vec))
<class 'list'>
>>> print(len(hyde_vec))
```

プログラムの rag-hyde-openai.py は、ここで終わりにしておきます。hyde_vec から実際の回答を得る部分を加えたプログラムは、rag-hyde-openai2.py にまとめました。

まず、ベクトル hyde_vec と類似の文書をデータベースから検索します。

rag-hyde-openai2.py（回答元になる仮想的文書と類似する文書の検索）

```python
from langchain_community.vectorstores import FAISS

db = FAISS.load_local('ibaraki.db',embeddings,allow_dangerous_
deserialization=True)

docs = db.similarity_search_by_vector(hyde_vec, k=2)
```

そして、検索された文書を使ってプロンプトを作成します。

rag-hyde-openai2.py（検索された文書からのプロンプト作成）

```python
template2 = """
ユーザー：以下のテキストを参照して、それに続く質問に答えてください。

{context1}

{context2}

{question}

システム: """

d = {}
d['context1'] = docs[0].page_content
d['context2'] = docs[1].page_content
d['question'] = q
```

```
prompt = PromptTemplate(
    template=template2,
    input_variables=["context1", "context2", "question"],
    template_format="f-string"
)
```

最後に、このプロンプトを LLM に投げます。

rag-hyde-openai2.py（HyDE の出力の確認）

```
chain = LLMChain(llm=llm,prompt=prompt)
ans = chain.invoke(d)
print(ans['text'])
```

実行結果は以下のようになりました。正しい回答ができています。

```
$ python rag-hyde-openai2.py
茨城大学工学部は、日立市中成沢町にある日立キャンパスにあります。
```

5.7　RAG の性能向上のために検討するべき要素

　RAG は非常に実践的な手法であり、今後 LLM の応用の中心になると考えています。実装も LangChain と OpenAI の LLM を利用すれば非常に簡単です。そのうえ、そのように簡単に作った RAG でも、そこそこうまく動きます。

　ただし、実際に使える性能まではあと一歩、という印象を受けると思います。実用的なシステムを構築するためになにをすればよいのかは、まだ明確にはわかっていないのですが、ここでは RAG の性能向上のための検討要素をまとめてみます[10]。さまざまな検討要素があると思いますが、それらはモデル、データ、検索手法の 3 つに大別できると思います。

(1) モデル

　これを言ったら身も蓋もないのですが、「高性能の LLM を使う」ことが RAG の性能向上には最も効果があると思います。RAG では基本的に検索されたいくつかの文書をつなげてプロンプトができるので、context window（入力の最大長）が大きな LLM のほうが有利です。一般に、高性能のモデルほど context window が大きくなります。

　また RAG では、通常、検索ランキングの上位 N 件の文書が LLM に渡ります。このなかには多くのクエリとは無関係な文書が含まれているはずです。性能の低いモデルだと、これらのクエリと無関係な文書が悪影響を及ぼし、間違った回答をしてしまうことが多いです。逆に高性能のモデルほど、この無関係な文書の悪影響が小さいといわれています。このため高性能のモデルでは N の値をある程度大きく取ることができ、検索結果に正解が含まれる確率が高くなります。

　2024 年 3 月現在で高性能の LLM といえば Open AI の GPT-4 ですが、Anthropic の Claude3 Opus、Google の Gemini 1.5 Pro なども登場しています。ただし、これらは有料でブラックボックス化されているので、本書のテーマからは外れます。公開されている LLM では、Llama2 をベースに Instruction Tuning されたものが高性能なはずです。東工大と産総研が出した Swallow や、ELYZA の出している ELYZA-japanese-Llama-2-*です。Llama2 は GPT-3.5 程度の性能があるので、Llama2 を日本語コーパスで追加学習したものもそのレベルの性能が期待できます。

---

[10]　本節の内容は筆者の考えであり、実験を通して得た知見ではないことにご注意ください。参考程度にしていただければと思います。

ただし、LLM は性能の測りかたが難しく、なにが高性能かは一概にはいえません。商用の LLM でも強い部分、弱い部分があるはずです。自身の RAG にとって「高性能」な LLM を探す必要がある、ということです。もとの LLM を自身の RAG 用にファインチューニングすることも有効かもしれません。

(2) データ

　RAG は作成したデータベースからクエリの関連文書を検索するため、データベースの質も性能に影響します。RAG で利用するデータベースのデータはテキストですが、当然、このテキストはクリーンなものがよいはずです。HTML タグや罫線を使った表など、通常の文ではない文字列が混じっていれば、そのテキストの解析は難しくなります。

　データベースのもとになるデータは単純なテキストではなく、PDF ファイルや HTML ファイルになっていたり、図や表が入っていたりと、いわゆる messy text であることが普通です。それらをクリーンなテキストデータにするには、雑多な処理が必要になります。これは「前処理」と呼ばれるもので、その内容は本当に雑多ですが、自身の扱うデータに応じてコツコツと処理していくしかありません。

　また RAG の場合、データベースのデータは文書ではなく、文書の断片であるチャンクです。このチャンクのサイズも RAG の性能に影響します。チャンクのサイズを大きく取れば、検索されたチャンクに正解が含まれる可能性が高くなります。ただし、LLM に渡されるプロンプトのサイズも大きくなりますし、クエリとは無関係な内容も多く含むようになるため、回答に悪影響を及ぼします。逆にチャンクのサイズが小さいと、検索結果に正解を含まれる可能性が低くなります。また、チャンク内で重要部分の文脈が切れる場合もあり、正しく回答を生成できないこともあります。自身の RAG にとって適切なチャンクのサイズを模索していくしかありません。

(3) 検索手法

　当然ですが、参照する検索結果のなかに正解が含まれているほうが、RAG の性能はよくなります。正解が含まれない場合は、関連しない情報だけを参照することになります。

　「検索結果に正解を含ませる」という技術は、結局のところ検索の技術そのものであり、従来から研究されている検索手法が検討対象になります。ただ、検索手

法をあれこれ検討したとしても、結局は従来のキーワードベースの検索が頑健でそこそこの性能を出します。そのため、本書で解説した BM25Retriever を使った検索はとりあえず試してみたらよいと思います。ほかにもベクトルベースの検索とキーワードベースの検索のハイブリッド検索を紹介する記事[†11]などがあり、こういったアプローチも有効だと思います。

　古典的手法からニューラルネットを利用した近年の手法まで、検索の手法は無数に存在します。現実的な検索手法を知るには、情報検索系の学会である ECIR 2021 で行われたチュートリアル "IR From Bag-of-words to BERT and Beyond through Practical Experiments" の資料[†12]が参考になります。あるいは、Pinecone（`https://www.pinecone.io/`）などのサービスの利用も一考の余地があるでしょう。

コラム：RAG への所感

　本書では、RAG のデータベースとして Web は設定しませんでした。Tavily（`https://tavily.com/`）を使えば容易に実装可能なのですが、Web をデータベースとみなした場合、自身でそのデータベースを構築／更新できないため、それが RAG といえるのかどうか疑問だったからです。

　RAG は対象領域を特化したもの、自身のデータベースという形式が基本だと思います。汎用の LLM は OpenAI などの巨大企業が先導しながらどんどん発展していくと思いますが、汎用のものが台頭すれば、必ず対象領域に特化したものが現れるはずです。外部の知識から単純に回答を作成する RAG は、回答の作成手法を高度化した LangChain の Agent や LangGraph に置き換わっていくかもしれませんが、モデルの外にある知識の利用という方向自体は、当分のあいだは（もしかしたら永遠に）廃れないはずです。

[†11] `https://techcommunity.microsoft.com/t5/ai-azure-ai-services-blog/azure-ai-search-outperforming-vector-search-with-hybrid/ba-p/3929167`
[†12] `https://github.com/terrier-org/ecir2021tutorial`

5.8 この章で使用したおもなプログラム

get-text-from-url.py（Chap.5）

```python
# -*- coding: sjis -*-

import requests
from bs4 import BeautifulSoup

url = 'https://www.aozora.gr.jp/cards/000035/files/
        275_13903.html'

# URL からページの内容を取得
response = requests.get(url)

# HTML の解析
soup = BeautifulSoup(response.content, 'html.parser')

# 不要なタグを除去
for script_or_style in soup(['script', 'style']):
    script_or_style.extract()

# すべてのテキストを抽出
text = soup.get_text()

# 行を分割して、先頭と末尾の空白を削除
lines = (line.strip() for line in text.splitlines())

# 空の行を除去
chunks = (phrase.strip() for line in lines for phrase in line.
split("  "))

# テキストを一つの文字列に結合
text = '\n'.join(chunk for chunk in chunks if chunk)

# テキストをファイルに保存
outtext = 'joseito.txt'
with open(outtext, 'w', encoding='utf-8') as file:
    file.write(text)
```

```
print(url, "の内容を",outtext,"に出力しました")
```

rag-openai.py（Chap.5）

```python
# -*- coding: sjis -*-

# --------------------------------------------------------
#   データベースの読み込み
# --------------------------------------------------------

from langchain_community.embeddings import
                                    HuggingFaceEmbeddings

embeddings = HuggingFaceEmbeddings(
    model_name="intfloat/multilingual-e5-large",
    model_kwargs={'device':'cpu'},
#    encode_kwargs = {'normalize_embeddings': False}
)

# from langchain.vectorstores import FAISS
from langchain_community.vectorstores import FAISS

# 保存してあるデータベースの読み込み
db = FAISS.load_local('joseito.db',embeddings,
                    allow_dangerous_deserialization=True)

# --------------------------------------------------------
#   検索器の構築
# --------------------------------------------------------

retriever = db.as_retriever()  # 検索文書数 4

# 検索文書数 k = 2 の場合
# retriever = db.as_retriever(search_kwargs={'k':2})

# --------------------------------------------------------
#   OpenAI の API キーの設定
# --------------------------------------------------------
```

```python
import os

os.environ['OPENAI_API_KEY'] = 'sk-*****'

# ---------------------------------------------------------
#  RAG の構築
# ---------------------------------------------------------

from langchain.chains import RetrievalQA
from langchain_openai import ChatOpenAI

llm = ChatOpenAI(model_name="gpt-3.5-turbo")
qa = RetrievalQA.from_chain_type(
    llm=llm,
    retriever=retriever,
    return_source_documents=True,
)

# ---------------------------------------------------------
# 実行例
# ---------------------------------------------------------

q = "太宰治の小説である「女生徒」の主人公の一番好きな子の名前は何ですか？"
ans = qa.invoke(q)

print(ans['result'])
# --> 太宰治の小説「女生徒」の主人公が一番好きな子の名前は、新ちゃんです。

docs = ans['source_documents']
for d in docs:
    print()
    print(d.page_content[:100])

# -->
# 太宰治 女生徒\n 女生徒\n 太宰治
#
# おやすみなさい。私は、王子さまの・・・文庫、角川書店
#
# しの一ばんの親友です、なんて皆に・・・で、私も、さすが
#
```

rag-base.py（Chap.5）

```python
# -*- coding: sjis -*-
# ------------------------------------------------------
#   データベースの構築
# ------------------------------------------------------


from langchain_community.embeddings import
                                    HuggingFaceEmbeddings


embeddings = HuggingFaceEmbeddings(
    model_name = "intfloat/multilingual-e5-large",
    model_kwargs = {'device':'cuda:0'},
#    encode_kwargs = {'normalize_embeddings': False}
)


from langchain_community.vectorstores import FAISS


# 保存してあるデータベースの読み込み
db = FAISS.load_local('joseito.db',embeddings,
                    allow_dangerous_deserialization=True)


# ------------------------------------------------------
#   検索器の構築
# ------------------------------------------------------


# retriever = db.as_retriever()
retriever = db.as_retriever(search_kwargs={'k':2})


# ------------------------------------------------------
#   モデルの準備
# ------------------------------------------------------


import torch
from transformers import AutoTokenizer,
                    AutoModelForCausalLM, pipeline
```

```python
model_id = "line-corporation/
           japanese-large-lm-3.6b-instruction-sft"

tokenizer = AutoTokenizer.from_pretrained(
           model_id, legacy=False, use_fast=False)

model = AutoModelForCausalLM.from_pretrained(
    model_id,
    device_map="auto",
#    device_map="cuda:0",
    torch_dtype=torch.float16,
    low_cpu_mem_usage=True,
).eval()

pipe = pipeline(
    "text-generation",
    model=model,
    tokenizer=tokenizer,
    max_new_tokens=128,
    do_sample=True,
    temperature=0.01,
    repetition_penalty=2.0,
)


# ----------------------------------------------------------
#   プロンプトの準備
# ----------------------------------------------------------

template = """
ユーザー：以下のテキストを参照して、それに続く質問に答えてください。

{context}

{question}

システム:"""

from langchain.prompts import PromptTemplate

prompt = PromptTemplate(
```

```
    template=template,
    input_variables=["context", "question"],
    template_format="f-string"
)


# --------------------------------------------------------
#   RetrievalQA のインスタンス作成
# --------------------------------------------------------

from langchain.chains import RetrievalQA
from langchain_community.llms.huggingface_pipeline import
                        HuggingFacePipeline

qa = RetrievalQA.from_chain_type(
    llm=HuggingFacePipeline(pipeline=pipe),
    retriever=retriever,
    chain_type="stuff",
    return_source_documents=True,
    chain_type_kwargs={"prompt": prompt},
    verbose=True,
)


# --------------------------------------------------------
#   実行例
# --------------------------------------------------------

q = "主人公の一番好きな子の名前は何ですか？"
ans = qa.invoke(q)
print(ans['result'])


print("--------------------------")

import re
pattern = re.compile(r'システム:(.*)',re.DOTALL)
match = pattern.search(ans['result'])
ans0 = match.group(1)
print(ans0)


# docs = ans['source_documents']
# for d in docs:
```

```
#     print()
#     print(d.page_content[:100])
```

plain-llm.py (Chap.5)

```
# -*- coding: sjis -*-

# ----------------------------------------------------------
#  モデルの準備
# ----------------------------------------------------------

import re
import torch
from transformers import AutoTokenizer,
                         AutoModelForCausalLM, pipeline

model_id = "line-corporation/
            japanese-large-lm-3.6b-instruction-sft"

tokenizer = AutoTokenizer.from_pretrained(
            model_id, legacy=False, use_fast=False)

model = AutoModelForCausalLM.from_pretrained(
    model_id,
    device_map="auto",
    torch_dtype=torch.float16,
    low_cpu_mem_usage=True,
).eval()

pipe = pipeline(
    "text-generation",
    model=model,
    tokenizer=tokenizer,
    max_new_tokens=128,
    do_sample=True,
    temperature=0.01,
)

# ----------------------------------------------------------
```

```
#  プロンプトの準備
# ---------------------------------------------------------

template = """
ユーザー:{question}

システム:"""

# ---------------------------------------------------------
#  実行例
# ---------------------------------------------------------

pattern = re.compile(r'システム:(.*)')

q = {}
q['question'] = "漫画「ドラゴンボール」の原作者は誰ですか?"
input = template.format_map(q)
ans = pipe(input)
print(ans[0]['generated_text'])

print("-"*20)

q = {}
q['question'] = "漫画「ちびまる子ちゃん」の原作者は誰ですか?"
input = template.format_map(q)
ans = pipe(input)
print(ans[0]['generated_text'])
```

rag-base-mywikidb-bm25.py (Chap.5)

```
# -*- coding: sjis -*-
# ---------------------------------------------------------
#  データベースの構築
# ---------------------------------------------------------

from langchain_community.retrievers import BM25Retriever
from janome.tokenizer import Tokenizer
import pickle
```

```
t = Tokenizer()

def my_preprocess_func(text):
    keywords = []
    for token in t.tokenize(text):
        pos = token.part_of_speech.split(',')[0]
        if (pos in ["名詞", "動詞", "形容詞"]):
            keywords.append(token.surface)
    return keywords

with open('ibaraki-bm25.pkl', 'rb') as f:
    retriever = pickle.load(f)

# ----------------------------------------------------------
#  モデルの準備
# ----------------------------------------------------------

import torch
from transformers import AutoTokenizer,
                         AutoModelForCausalLM, pipeline

model_id = "line-corporation/
            japanese-large-lm-3.6b-instruction-sft"

tokenizer = AutoTokenizer.from_pretrained(
            model_id, legacy=False, use_fast=False)

model = AutoModelForCausalLM.from_pretrained(
    model_id,
    device_map="auto",
    torch_dtype=torch.float16,
    low_cpu_mem_usage=True,
).eval()

pipe = pipeline(
    "text-generation",
    model=model,
    tokenizer=tokenizer,
    max_new_tokens=128,
    do_sample=True,
```

```
        temperature=0.01,
)

# ---------------------------------------------------------
#   プロンプトの準備
# ---------------------------------------------------------

template = """
### ユーザー:
以下のテキストを参照して、それに続く質問に答えてください。

{context}

{question}

### システム:"""

from langchain.prompts import PromptTemplate

prompt = PromptTemplate(
    template=template,
    input_variables=["context", "question"],
    template_format="f-string"
)

# ---------------------------------------------------------
#   RetrievalQA のインスタンス作成
# ---------------------------------------------------------

from langchain.chains import RetrievalQA
from langchain_community.llms.huggingface_pipeline import
                        HuggingFacePipeline

qa = RetrievalQA.from_chain_type(
    llm=HuggingFacePipeline(pipeline=pipe),
    retriever=retriever,
    chain_type="stuff",
    return_source_documents=True,
    chain_type_kwargs={"prompt": prompt},
    verbose=True,
```

```python
    )

    # --------------------------------------------------------
    #   実行例
    # --------------------------------------------------------

    q = "茨城大学の本部はどこにありますか？"
    ans = qa.invoke(q)
    # print(ans['result'])

    import re
    pattern = re.compile(r'システム：(.*)',re.DOTALL)
    match = pattern.search(ans['result'])
    ans0 = match.group(1)
    print(ans0)
    # --> 茨城大学は、水戸市文京二丁目 1-1 に本部を置いています。
```

rag-hyde-openai2.py（Chap.5）

```python
    # -*- coding: sjis -*-

    from langchain.chains import LLMChain,
                                 HypotheticalDocumentEmbedder
    from langchain.prompts import PromptTemplate
    from langchain_openai import ChatOpenAI

    import os

    os.environ['OPENAI_API_KEY'] = 'sk-*****'

    template = """質問に回答して下さい。
    質問：{question}
    回答："""

    llm = ChatOpenAI()

    prompt = PromptTemplate(
        input_variables=["question"],
        template=template,
```

```
)

llm_chain = LLMChain(llm=llm, prompt=prompt)

from langchain_community.embeddings import
                                   HuggingFaceEmbeddings

embeddings = HuggingFaceEmbeddings(
    model_name = "intfloat/multilingual-e5-large",
#    model_kwargs = {'device':'cuda:0'},
#    encode_kwargs = {'normalize_embeddings': False}
)

hyde_embd = HypotheticalDocumentEmbedder(
    llm_chain=llm_chain,
    base_embeddings=embeddings,
)

q = "茨城大学工学部はどこにありますか？"

hyde_vec = hyde_embd.embed_query(q)

# ここまでが rag-hyde-openai.py
#-----------------------------------

from langchain_community.vectorstores import FAISS

# 保存してあるデータベースの読み込み
db = FAISS.load_local('ibaraki.db',embeddings,
                    allow_dangerous_deserialization=True)

# --------------------------------------------------------
#    検索
# --------------------------------------------------------

docs = db.similarity_search_by_vector(hyde_vec, k=2)

# --------------------------------------------------------
#    プロンプトの作成
# --------------------------------------------------------
```

```
template2 = """
ユーザー:以下のテキストを参照して、それに続く質問に答えてください。

{context1}

{context2}

{question}

システム:"""

d = {}
d['context1'] = docs[0].page_content
d['context2'] = docs[1].page_content
d['question'] = q

prompt = PromptTemplate(
    template=template2,
    input_variables=["context1", "context2", "question"],
    template_format="f-string"
)

# ---------------------------------------------------------
#  OpenAI のモデルを使って回答
# ---------------------------------------------------------

chain = LLMChain(llm=llm,prompt=prompt)
ans = chain.invoke(d)
print(ans['text'])
```

第6章

Chainlitによる GUI のチャットボット

最後に、作成したチャットボットを手軽に使える GUI を構築しましょう。

Chainlit は、チャットボットの GUI を構築できるライブラリです。LangChain とも統合されているため、非常に簡単に GUI を構築できます。

- https://github.com/Chainlit/chainlit

6.1　インストール

インストールは pip だけで行えます。

```
$ pip install chainlit
```

問題なくインストールできたら、以下のコマンドを実行してください。

```
$ chainlit hello
```

ブラウザで http://localhost:8000/が開き、**図 6.1** のような画面が現れたらインストールはできています。

最下行になにか書いて、そのメッセージを送ること（リターンの入力か飛行機アイコンのクリック）で反応しますが、この例では同じ回答を繰り返すだけです。

図 6.1　インストールの確認のための簡単なデモ画面

6.2 Chainlit の基本プログラム

Chainlit はいろいろと機能がありますが、以下のプログラム chainlit-base.py が基本です。

chainlit-base.py（chainlit の基本部分）

```python
import chainlit as cl

@cl.on_chat_start
async def on_chat_start():
    await cl.Message(content="なにか入力せよ").send()

@cl.on_message
async def on_message(input_message):
    await cl.Message(content=(input_message.content
                    + "、、、ですか")).send()
```

以下のコマンドで実行します。

```
$ chainlit run chainlit-base.py
```

実行例は**図 6.2** のような感じです。

プログラムの中身は図 6.2 を見れば、おおよそわかると思います。デコレータ@cl.on_chat_start のあとに、チャットが開始された際の関数を、async の修飾子をつけて定義します。関数名は任意ですが、on_chat_start でよいと思います。この関数の最後に入力されたメッセージを、Message クラスのメソッド send を使って送ります。

送られたメッセージの処理は、デコレータ@cl.on_message のあとに定義された関数によって処理されます。この関数も async の修飾子をつけます。この関数名も任意ですが on_message でよいと思います。

チャットボットの GUI の部分はこの程度で十分だと思います。

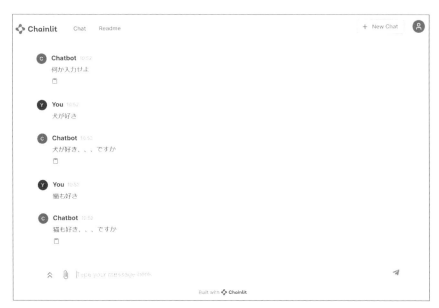

図 6.2　chainlit の基本プログラムの実行例

6.3 OpenAI の LLM を使ったチャットボットの GUI

まず、OpenAI の LLM を使ったチャットボットを chainlit-base.py をベースにして作ってみます。モックは以下のようになります。

chainlit-llm-mock.py（チャットボットのモックプログラム）

```python
import chainlit as cl

def llm_main(q):
    return "わかりません。"

@cl.on_chat_start
async def on_chat_start():
    await cl.Message(content="なにか入力せよ").send()

@cl.on_message
async def on_message(input_message):
    ans = llm_main(input_message.content)
    await cl.Message(content=ans).send()
```

LLM の処理を関数 llm_main として、その回答 ans をシステム側から表示するかたちです。

以下のコマンドで実行します。

```
$ chainlit run chainlit-llm-mock.py
```

図 6.3 が実行例です。

図 6.3　チャットボットのモックの実行例

　結局のところ、関数 llm_main に、OpenAI の LLM を使ったチャットボットの中身を書けばよいのです。以下のようになります。

chainlit-llm-openai.py（GUI 版のチャットボットの基本プログラム）

```python
import chainlit as cl
import os

os.environ['OPENAI_API_KEY'] = 'sk-*****'

from langchain.schema import HumanMessage
from langchain.chat_models import ChatOpenAI

llm = ChatOpenAI(model_name="gpt-3.5-turbo", temperature=0)

def llm_main(q):
    m = HumanMessage(content=q)
    ans = llm([m])
    return ans.content

@cl.on_chat_start
```

```
async def on_chat_start():
    await cl.Message(content="なにか入力せよ").send()

@cl.on_message
async def on_message(input_message):
    ans = llm_main(input_message.content)
    await cl.Message(content=ans).send()
```

　これは基本的に Web ベースで ChatGPT を使うのと同じです。以下のコマンド
で実行します。

```
$ chainlit run chainlit-llm-openai.py
```

　以下は実行例です。

図 6.4　OpenAI の LLM を使ったチャットボット

6.4 公開LLMを使ったチャットボットのGUI

公開 LLM を使ったチャットボットの GUI も、chainlit-llm-mock.py の関数
llm_main をそれ用に作ればよいだけです。つまり、入力される質問に対して、公
開 LLM を利用して回答の文字列を返すようにすればよいのです。

ここでは公開 LLM として、LINE 社の japanese-large-lm-3.6b-
instruction-sft を利用してみます。

コードは簡単です。まず、LLM とテンプレートと tokenizer の設定部分は以下
のとおりです。

chainlit-public-llm.py（チャットボットのための model と tokenizer とテンプレートの設定）

```
import torch
from transformers import AutoModelForCausalLM, \
                         AutoTokenizer

device = torch.device("cuda:0"
                 if torch.cuda.is_available() else "cpu")

model_name = "line-corporation/" +
             "japanese-large-lm-3.6b-instruction-sft"
model = AutoModelForCausalLM.from_pretrained(model_name,
                      device_map="auto",
                      torch_dtype=torch.bfloat16)
tokenizer = AutoTokenizer.from_pretrained(model_name,
                      legacy=False, use_fast=False)

template = (
        "ユーザー:{instruction}\n"
        "システム:{output}"
)
```

上の設定を利用して、関数 llm_main は以下のようになります。

```python
def llm_main(q):
    d = {'instruction':q, 'output':''}
    ptext = template.format_map(d)
    input_ids = tokenizer.encode(ptext,
                    add_special_tokens=False,
                    return_tensors="pt").to(device)
    start_pos = len(input_ids[0])
    with torch.no_grad():
        tokens = model.generate(input_ids=input_ids,
                    max_new_tokens=200,
                    temperature=1.0,
                    do_sample=False,
                    pad_token_id=tokenizer.pad_token_id,
        )
    ans = tokenizer.decode(tokens[0][start_pos:],
                skip_special_tokens=True
            )
    return ans
```

GUI の部分はいままでと同じです。

chainlit-public-llm.py（GUI 版チャットボットの基本部分）

```python
import chainlit as cl

@cl.on_chat_start
async def on_chat_start():
    await cl.Message(content="なにか入力せよ").send()

@cl.on_message
async def on_message(input_message):
    ans = llm_main(input_message.content)
    await cl.Message(content=ans).send()
```

実行は以下のとおりです。

```
$ chainlit run chainlit-public-llm.py
```

以下は実行例です。

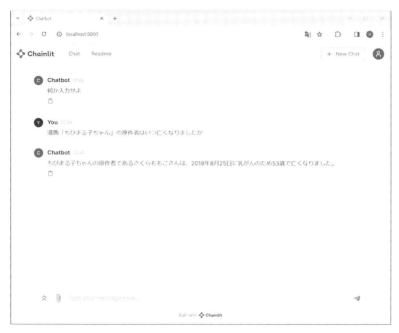

図 6.5　公開 LLM を使ったチャットボット

6.5 RAG を利用したチャットボットの GUI

　RAG を使ったチャットボットの GUI も、`chainlit-llm-mock.py` の関数 `llm_main` をそれ用に作ればよいだけです。RAG を使ったチャットボットとしては、前章で `rag-base-mywikidb.py` を作りました。以下のコードは、その最後の 6 行です。

`rag-base-mywikidb.py`（CUI 版の RAG の回答出力部分）

```
q = "茨城大学の本部はどこにありますか？"
ans = qa.invoke(q)
pattern = re.compile(r'システム:(.*)',re.DOTALL)
match = pattern.search(ans['result'])
ans0 = match.group(1)
print(ans0)
```

　つまり、`rag-base-mywikidb.py` のその部分を、関数 `llm_main` の定義に変更し、いつもの GUI の部分を最後につければよいだけです。

`chainlit-rag-base-mywikidb.py`（先の部分を以下に変更）

```
def llm_main(q):
    ans = qa(q)
    return ans['result']
```

以下は実行例です。

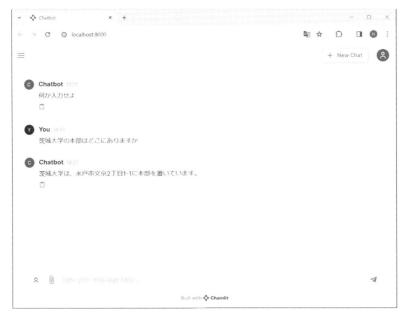

図 6.6　RAG を使ったチャットボット

コラム：chainlit 以外の選択肢

　本書ではチャットボットの GUI を構築するのに chainlit を利用しましたが、ベタに Tkinter を使っても難しくはありません。あるいは、Streamlit（`https://streamlit.io/`）を使ったものもよく見かけます。本書程度の GUI なら、なにを使っても大差ないと思います。ただ、これらで作れるのは GUI の部分だけです。モデルの設定やプロンプトなどの LLM の核の部分は作らないといけません。

　もっと手っ取り早く GUI のチャットボットを作りたければ、Text generation web UI（`https://github.com/oobabooga/text-generation-webui`）があります。これはモデルのダウンロードからパラメーター設定、プロンプトテンプレート作成までを GUI 環境のインターフェースで行えるため、非常に簡単に GUI のチャットボットを構築できます。

6.6 Chainlit のサーバでの稼働

　サーバで LLM のプログラムを動かして、Web 経由でブラウザを使った GUI も Chainlit を使えば簡単に作れます。「作れる」というよりも、そのように設定するだけです。まず、httpd が動いているサーバ上でプログラム prog.py を動かせる状態にして、以下を実行します。

```
（サーバマシン上で以下を実行する）
$ chainlit run prog.py
```

　クライアントでは、そのサーバの IP とポート番号（8000）を指定してブラウザを立ち上げるだけです。具体的にいえば、IP が 12.34.56.78 だとすれば、ブラウザで http://12.34.56.78:8000 を開くということです。

コラム：自然言語処理システムのデモ

　大学のオープンキャンパスなどで、自然言語処理システムのデモを見せる機会があります。大昔から、自然言語処理システムのデモは不評です。ほとんどの場合は GUI を作っても意味がありませんし、作るのも面倒なので、ターミナル上でプログラムを動かして見せるだけだからです。これだとなにをやっているのか専門外の人にはわかりませんし、文字や数値が出るだけで見栄えもしません。なにより問題なのは、自然言語処理は人間なら当然できることだ、という点です。自分が当たり前にできることなので、コンピュータからの出力を見ても、ほとんどの人は感動することがありません。

　ChatGPT の登場は、このような状況を打破してくれたと思います。ここで解説したような GUI のチャットボットを作って、ちょこちょこ動かして、少し ChatGPT や RAG などの説明すれば、そこそこウケはよいようです。自然言語処理の研究は、LLM の登場によってかなりやりづらくなったと思いますが、デモだけはやりやすくなったと思います。

6.7 この章で使用したおもなプログラム

chainlit-llm-openai.py（Chap.6）

```python
# -*- coding: sjis -*-

import chainlit as cl
import os

os.environ['OPENAI_API_KEY'] = 'sk-****'

from langchain.schema import HumanMessage
from langchain.chat_models import ChatOpenAI

llm = ChatOpenAI(model_name="gpt-3.5-turbo", temperature=0)

def llm_main(q):
    m = HumanMessage(content=q)
    ans = llm([m])
    return ans.content

@cl.on_chat_start
async def on_chat_start():
    await cl.Message(content="何か入力せよ").send()

@cl.on_message
async def on_message(input_message):
    ans = llm_main(input_message.content)
    await cl.Message(content=ans).send()
```

chainlit-public-llm.py (Chap.6)

```python
# -*- coding: sjis -*-

import chainlit as cl

import torch
from transformers import AutoModelForCausalLM, AutoTokenizer

device = torch.device("cuda:0"
                if torch.cuda.is_available() else "cpu")

model_name = "line-corporation/
            japanese-large-lm-3.6b-instruction-sft"

model = AutoModelForCausalLM.from_pretrained(model_name,
                    device_map="auto",
                    torch_dtype=torch.bfloat16)

tokenizer = AutoTokenizer.from_pretrained(model_name,
                        legacy=False, use_fast=False)

template = (
        "ユーザー:{instruction}\n"
        "システム:{output}"
)

def llm_main(q):
    d = {'instruction':q, 'output':''}
    ptext = template.format_map(d)
    input_ids = tokenizer.encode(ptext,
                    add_special_tokens=False,
                    return_tensors="pt").to(device)
    start_pos = len(input_ids[0])
    with torch.no_grad():
        tokens = model.generate(input_ids=input_ids,
                    max_new_tokens=200,
                    temperature=1.0,
                    do_sample=False,
                    pad_token_id=tokenizer.pad_token_id,
        )
```

```
        ans = tokenizer.decode(tokens[0][start_pos:],
                        skip_special_tokens=True)
        return ans

@cl.on_chat_start
async def on_chat_start():
    await cl.Message(content="何か入力せよ").send()

@cl.on_message
async def on_message(input_message):
    ans = llm_main(input_message.content)
    await cl.Message(content=ans).send()
```

chainlit-rag-base-mywikidb.py (Chap.6)

```
# -*- coding: sjis -*-

import chainlit as cl

import re
from langchain_community.embeddings import
                                    HuggingFaceEmbeddings

embeddings = HuggingFaceEmbeddings(
    model_name = "intfloat/multilingual-e5-large",
#    model_kwargs = {'device':'cuda:0'},
#    encode_kwargs = {'normalize_embeddings': False}
)

from langchain_community.vectorstores import FAISS

# 保存してあるデータベースの読み込み

db = FAISS.load_local('ibaraki.db',embeddings,
     allow_dangerous_deserialization=True)

# --------------------------------------------------------
#   検索器の構築
# --------------------------------------------------------
```

```python
retriever = db.as_retriever(search_kwargs={'k':2})


# --------------------------------------------------------
#  モデルの準備
# --------------------------------------------------------

import torch
from transformers import AutoTokenizer,
                         AutoModelForCausalLM, pipeline

model_id = "line-corporation/
            japanese-large-lm-3.6b-instruction-sft"

tokenizer = AutoTokenizer.from_pretrained(model_id,
            legacy=False, use_fast=False)

model = AutoModelForCausalLM.from_pretrained(
    model_id,
    device_map="auto",
#     device_map="cuda:0",
    torch_dtype=torch.float16,
    low_cpu_mem_usage=True,
).eval()

pipe = pipeline(
    "text-generation",
    model=model,
    tokenizer=tokenizer,
    max_new_tokens=128,
    do_sample=True,
    temperature=0.01,
)


# --------------------------------------------------------
#  プロンプトの準備
# --------------------------------------------------------

template = """
### ユーザー:
以下のテキストを参照して、それに続く質問に答えてください。
```

```
{context}

{question}

### システム:"""

from langchain.prompts import PromptTemplate

prompt = PromptTemplate(
    template=template,
    input_variables=["context", "question"],
    template_format="f-string"
)


# ----------------------------------------------------------
#  RetrievalQA のインスタンス作成
# ----------------------------------------------------------

from langchain.chains import RetrievalQA
from langchain_community.llms.huggingface_pipeline import
                        HuggingFacePipeline

qa = RetrievalQA.from_chain_type(
    llm=HuggingFacePipeline(pipeline=pipe),
    retriever=retriever,
    chain_type="stuff",
    return_source_documents=True,
    chain_type_kwargs={"prompt": prompt},
    verbose=True,
)

def llm_main(q):
    ans = qa.invoke(q)
    pattern = re.compile(r'システム:(.*)',re.DOTALL)
    match = pattern.search(ans['result'])
    ans0 = match.group(1)
    return ans0


# ----------------------------------------------------------
#  GUI の部分
```

```
# ------------------------------------------------------

@cl.on_chat_start
async def on_chat_start():
    await cl.Message(content="何か入力せよ").send()

@cl.on_message
async def on_message(input_message):
    ans = llm_main(input_message.content)
    await cl.Message(content=ans).send()
```

第
6
章

Chainlit による GUI のチャットボット

あとがき――次に読むべき文献

　LLM の技術書籍は、その話題性に比べると、そう多くはないように感じます。その理由の 1 つとして、LLM に関連した技術の進歩は非常に速く、書籍が出版されたとしても、その内容がすぐに陳腐化する恐れがあるからだと思います。本書の大部分は、2023 年の 9 月から 12 月に執筆しました。そこからもう半年以上は過ぎたので、本書でもいくつかの箇所で古い内容が残っていると思います。ただ、本書で扱った LLM のファインチューニングと RAG は、LLM を利用したなんらかのシステムを作成するうえで、中心となる技術です。本書はその基礎知識について書いたので、本書のメインとなる部分は、しばらくのあいだは有用であると信じています。

　一方、基礎知識を中心に書いたので、少し深い内容や発展的な話は触れていません。「あとがき」として、ここでは LLM のファインチューニングと RAG について、さらに学ぶためのポイントを書いておきたいと思います。

① LLM のファインチューニングの手法

　まず LLM のファインチューニングですが、この技術は、LLM を領域特化型のタスクに利用する場合に使えます。「領域」という用語は実は曖昧で、テキストのジャンルであったり、タスクの種類であったり、扱う言語であったりとさまざまです。LLM を利用したシステムを構築する場合、なんらかの意味で「領域」は特化されているはずで、対象領域のデータを使ったファインチューニングという点は検討すべきだと思います。

　実は OpenAI の GPT-3.5 もファインチューニングが可能です。当然課金はされますが、手っ取り早く高機能な LLM をファインチューニングしたいなら、試してもよいと思います。

- https://openai.com/blog/gpt-3-5-turbo-fine-tuning-and-api-
  updates2

ファインチューニングの手法やその実装は、本書でも扱ったライブラリ PEFT の以下のサイトをチェックするのがおすすめです。LLM は巨大なので、full fine-tuning は現実的ではありません。アダプタなどを作ったネットワークの一部だけを学習させるかたちになるはずです。そのため、LLM のファインチューニング関連の手法やライブラリは、このサイトに集約されていくと思います。

- https://huggingface.co/docs/peft/index

本書では LoRA と QLoRA を扱いましたが、IA3 という手法も有名です。IA3 は PEFT でもサポートされています。

- Liu, H., et al. Few-shot parameter-efficient fine-tuning is better and cheaper than in-context learning. Advances in Neural Information Processing Systems 35. 2022.

② RAG の資料と拡張手法

次に RAG ですが、RAG は検索ベースの LLM の一種です。検索ベースの LLM については ACL 2023 のチュートリアルの資料が詳しいです。

- 「Retrieval-based Language Models and Applications」 https://acl2023-retrieval-lm.github.io/

また、以下のサーベイ論文も現時点の RAG 関連の技術がよくまとまっています。

- Gao, Y., et al. Retrieval-augmented generation for large language models: A survey. arXiv preprint arXiv:2312.10997. 2023.

RAG の拡張手法や改良手法は非常に数が多いです。自身の問題に応じて適切なものを探すしかありませんが、以下の 4 つの手法は実践的だと思います。

1. **RAG-Fusion**

   RAG-Fusion は論文ではなく、2023 年 10 月に Medium の記事で発表されました（Raudaschl, A. H. Forget RAG, the Future is RAG-Fusion. https://towardsdatascience.com/forget-rag-the-future-is-rag-fusion-1147298d8ad1）。RAG-Fusion では、ユーザーからのクエリと、ユーザーが得ようとしている情報とのギャップを埋めることを目的に、LLM を利用してユーザーからのクエリに関連したさまざまな視点のクエリを生成します。各クエリから複数の検索文書が得られますが、それらを集約して再ランキングし、もとのクエリと合わせてプロンプトを作成して、それを LLM に投げて最終的な回答を得ます。

2. **Self-RAG**

   Self-RAG は論文で発表されました（Asai, A., et al. Self-RAG: Learning to Retrieve, Generate, and Critique through Self-Reflection. arXiv preprint arXiv:2310.11511. 2023.）。RAG は検索が必要ないクエリに対しても検索を行う点と、検索された文書が最終的な LLM の出力に役立たない場合もある点が問題です。これら問題に対処するために、Self-RAG ではまず入力に対して検索が必要かどうかを判断し、検索が必要となったときに検索を行います。次に検索された文書内の各パッセージ di に対して、入力と di を組み合わせて LLM に投げて出力 yi を得ます。yi の関連性（IsREL）、支持度（IsSUP）、有用性（IsUSE）を評価し、全 yi をランクづけし、入力に最上位の yk を結合することで新たな入力を作成し、上記の処理を繰り返すことで最終的な回答を得ます。

3. **CRAG**

   CRAG は論文で発表されました（Yan, S., et al. Corrective Retrieval Augmented Generation. arXiv preprint arXiv:2401.15884. 2024.）。CRAG は検索された文書を軽量な検索評価器を用いて評価して、評価結果に応じて検索された文書を修正していく手法です。CRAG は plug-and-play であり、既存の RAG システムに変更を加えずに組み込める点で有用です。

4. **RAPTOR**

RAPTOR は論文で発表されました（Sarthi, P., et al. RAPTOR: Recursive Abstractive Processing for Tree-Organized Retrieval. arXiv preprint arXiv:2401.18059. 2024.）。RAG は、検索されるべきチャンクが多箇所で長文になる場合にはうまくいきません。そこで RAPTOR では、チャンクをクラスタリングし、各クラスターの要約文を 1 つ上の階層のチャンクとします。これを繰り返すことで、チャンクの木構造を構築します。構築した木を、木のノード（チャンク）をフラットに並べた collapsed tree に変形し、検索ではその collapsed tree からチャンクを検索します。

③ プロンプトエンジニアリング

最後に、Prompt Engineering Guide のサイトを紹介して終わりにしたいと思います。

- https://www.promptingguide.ai/

実は LLM を活用する際の最も注意すべき点はプロンプトであり、プロンプトエンジニアリングの技術は重要です。上記サイトはプロンプトエンジニアリングについてだけでなく、LLM 全体の技術をまとめてくれています。たとえば RAG については、以下のページに記載されています。

- https://www.promptingguide.ai/research/rag

このページ内の「RAG Research Insights」の節は RAG 関連の重要論文がまとめられています。

この「あとがき」で紹介した論文やサイトの内容は少し高度だと思いますが、本書はそれらの情報を読み解くための基礎になっていると思います。本書が少しでもお役に立てれば幸いです。

索引

〈著者略歴〉

新納 浩幸（しんのう　ひろゆき）

1961年生まれ。
1985年　東京工業大学理学部情報科学科卒業
1987年　東京工業大学大学院理工学研究科情報科学専攻修士課程修了
現在、茨城大学工学部情報工学科教授、博士（工学）。専門は自然言語処理。

〈主な著書〉
『数理統計学の基礎—よくわかる予測と確率変数』森北出版（2004）
『入門 RSS—Web における効率のよい情報収集/発信』毎日コミュニケーションズ（2004）
『入門 Common Lisp—関数型4つの特徴と λ 計算』毎日コミュニケーションズ（2006）
『R で学ぶクラスタ解析』オーム社（2007）
『Chainer による実践深層学習』オーム社（2016）
『ニューラルネットワーク自作入門』(Tariq Rashid 著) 監修・翻訳　マイナビ出版（2017）
『Chainer v2 による実践深層学習』オーム社（2017）
『PyTorch による物体検出』オーム社（2020）
『PyTorch 自然言語処理プログラミング』インプレス（2021）
『文書分類からはじめる自然言語処理入門』科学情報出版（2022、共著）

LLM のファインチューニングと RAG
—チャットボット開発による実践—

2024 年 5 月 20 日　　第 1 版第 1 刷発行
2024 年 9 月 10 日　　第 1 版第 2 刷発行

著　　者　新 納 浩 幸
発 行 者　村 上 和 夫
発 行 所　株式会社 オーム社
　　　　　郵便番号　101-8460
　　　　　東京都千代田区神田錦町 3-1
　　　　　電話　03(3233)0641（代表）
　　　　　URL　https://www.ohmsha.co.jp/

© 新納浩幸 2024

印刷・製本　三美印刷
ISBN978-4-274-23195-7　Printed in Japan

本書の感想募集　https://www.ohmsha.co.jp/kansou/
本書をお読みになった感想を上記サイトまでお寄せください。
お寄せいただいた方には、抽選でプレゼントを差し上げます。